ANNUAIRE RICHARD

pour 1898

CHIENS CÉLÈBRES

et

CHIENS DE CÉLÉBRITÉS

Ouvrage illustré de très nombreuses gravures
inédites pour la plupart

Les petits chiens de luxe à travers les siècles. — Monographies du Dogue de Bordeaux et du Colley. — Les chiens favoris de M. Félix Faure, du Tzar, de la reine Victoria, de M. Emile Zola, de Gyp, etc. — Les chiens de l'impératrice Joséphine et d'Alexandre Dumas père. — Les chiens de sanglier, les lévriers et les chiens d'oysel sous la Renaissance. — Le Livre d'Or des chiens. — Dates des Expositions canines en 1898. — Résultats des field-trials de 1897. — Liste complète des clubs s'occupant de l'amélioration des races canines d'origine française. — Conseils pour l'élevage des chiens, etc., etc.

Éditeur et Rédacteur en chef :
Lucien RICHARD
Vétérinaire
Médecin pour Chiens
145, rue du Faubourg 145
TÉLÉPHONE 638.57
PARIS

ANNUAIRE RICHARD

Chiens Célèbres

et

CHIENS DE CÉLÉBRITÉS

CHAPITRE Ier

LES PETITS CHIENS DE LUXE

à travers les siècles

L'apparition des petits chiens de luxe semble remonter à la plus haute antiquité.

N'a-t-on pas retrouvé il y a quelques années en Égypte une authentique momie de levrette ?

Sans m'étendre sur cette découverte pour les détails de laquelle je renvoie le lecteur à l'article que M. Beckman a publié dans le Veidmann, je passe à une époque un peu moins éloignée de nous.

Les documents ne manquent pas pour établir
que les grecques et les romaines avaient des petits
chiens. (1) qui tout comme ceux que possèdent
nos contemporaines étaient idolâtrés par leurs
maîtresses.

Les hommes eux-mêmes (2), surtout les étrangers, ne trouvaient pas ridicule de se promener
en ville en portant un petit chien sur leurs
bras. Plutarque à ce propos raconte que César

---

(1) Voici la traduction du paragraphe dans lequel Aristote
parle des chiens de Mélita : " Pourquoi y a-t-il des nains, ou
d'une manière plus générale, pourquoi y a-t-il des animaux
qui sont très grands et d'autres très petits ?... Il y a pour ceci
deux causes, le lieu et la nourriture. Le lieu rend les animaux
fort petits, s'il est fort étroit ; comme par exemple ces petits
chiens qu'on élève dans des cages à cailles... mais... cela...
force leurs lignes droites (leurs membres) à se replier et à
devenir courbes. Quand c'est par défaut de nourriture que
les animaux ne se développent pas, ils ont des membres
d'enfants, qui sont tout à fait petits, quoiqu'ils soient bien
proportionnés, comme les *petits chiens de Mélita*. La cause
en est que la nature n'agit pas sur eux comme le lieu peut
agir. „

ARISTOTE, *Traduction Barth. Saint-Hil.*

(2) Issa, la petite chienne que Martial a célébrée dans une
de ses épigrammes, était sans aucun doute une chienne de
Mélita.

„ Issa est plus agaçante que le moineau de Catulle. Issa est
plus pure que le baiser d'une colombe ; Issa est plus attrayante
que toutes les jeunes filles ; Issa est plus précieuse que toutes
les pierreries de l'Inde. La petite chienne Issa fait les délices
de Publius. Lorsqu'elle se plaint vous croyez qu'elle parle ; elle
sent la tristesse et la joie de son maître ; elle se couche sur
son cou, elle y dort sans faire entendre un soupir... Rien
n'égale la pudeur de cette chaste petite chienne ; elle ignore les
plaisirs de l'amour, et il ne s'est point trouvé de mari digne
d'une vierge si délicate. „

Traduction Litt.

rencontrant à Rome des étrangers ainsi chargés de leurs petits chiens, leur demanda ironiquement si dans leur pays les femmes ne faisaient pas d'enfants (1).

Je reviens aux dames romaines et à l'affection qu'elles avaient pour leurs petits chiens.

Tertia, la fille de Paul-Émile, au moment où celui-ci va quitter son pays et sa famille pour combattre Persée, roi de Macédoine, n'avoue-t-elle pas ingénument que la tristesse qui se lit sur son visage vient de ce que sa petite chienne Persa vient de mourir? (2)

Les œuvres de Lucien, qui vivait à la fin du deuxième siècle avant l'ère chrétienne, constituent des études de mœurs très exactes. Cet auteur donne dans le paragraphe intitulé « Sur ceux qui sont aux gages des grands » le récit d'une anecdote des plus risibles.

Je ne résiste pas au désir de conter presque tout au long cette amusante histoire.

Thesmopolis, vieux et grave philosophe stoïcien, vivait à Rome chez une dame des plus riches et des plus distinguées. Un jour, cette dame au moment de partir en un voyage dans lequel devaient l'accompagner et ce respectable philosophe et certain mignon fort en faveur auprès d'elle, dit à Thesmopolis: « Oh! Rendez-moi donc je vous prie un service dont je vous serai bien reconnaissante. Le philosophe, comme

---

(1) PLUTARQUE, *Vie de Périclès.*
(2) RABELAIS, *d'après Valère Maxime.*

on peut croire, promet de faire tout ce qu'elle voudra. Je vous prierai, continue-t-elle, de prendre ma chienne Myrrhine dans votre voiture, de la garder avec vous, de veiller à ce qu'il ne lui manque rien. La pauvre petite est pleine et sur le point de mettre bas... Soyez sûr que vous m'obligerez infiniment en prenant soin de cette charmante petite bête qui fait toutes mes délices. — Thesmopolis ne peut résister à ces vives instances, presque accompagnées de larmes. C'était une scène tout à fait risible de voir la petite chienne avançant le museau hors de la robe et sous la barbe du philosophe, pissant à chaque minute..., jappant d'une voix grêle comme toutes les chiennes de Mélita, et léchant le menton de celui qui la portait » (1). Et Lucien ajoute tout crûment que la chienne fit ses petits sur le manteau du grave philosophe!

Les petits chiens si fort choyés par les dames romaines venaient-ils de Malte, comme on le prétend généralement? La question est difficile à résoudre car le nom de Mélita s'appliquait aussi bien à l'île que nous appelons maintenant Malte qu'à une autre située, celle-là, dans l'Adriatique et désignée actuellement sous le nom de Méléda.

Les auteurs grecs et latins, Callimaque et Pline entre autres, s'accordent généralement à dire que ces petits chiens si fort en faveur auprès des dames, étaient élevés dans l'île de l'Adriatique.

---

(1) *Traduction, Eug. Talbot.*

Fig. 3. Chien de Malte à poil court (Papillon).
Fac-similé d'un bois d'Aldrovandi.

Fig. 4. Chien de Malte à poil long. Fac-similé
d'un bois d'Aldrovandi.

Fig. 6. Bichons de Malte. Figure extraite de « Modern Dogs », Horace Cox, éditeur.

Les naturalistes du XVIe et du XVIIe siècles prétendent au contraire que c'est l'île de Malte qui produisait ces petits chiens.

Cette contradiction fâcheuse nous met dans l'impossibilité de savoir d'où provenaient ces favoris des belles romaines.

En l'absence de documents probants, nous ne pouvons pas davantage résoudre une autre question : les petits chiens de dames ont-ils fait leur apparition dans l'Europe continentale avant la Renaissance ?

En tout cas les chiens de luxe de taille moyenne, parmi lesquels les lévriers, — ces chiens aristocratiques par excellence — étaient très répandus en France, au Moyen-Age.

Il paraît même que nos anciens rois reposaient sur leur couche, leurs lévriers allongés auprès d'eux. C'est du moins ce qu'assure l'auteur du livre du roi Modus dans ces vers restés célèbres :

« On voit couchés sur le lict
Du roy de France les lévriers ».

La légende du chien de Montargis dont les héros furent Isabelle de Villemonble, le chevalier Macaire, Aubry de Mondidier et son fidèle lévrier, est trop connue de tout le monde pour que j'en fasse le récit ici. Qu'il me suffise de dire que c'est sous les yeux de Charles V, s'il faut en croire une des versions de cette légende, que ce lévrier terrassa le chevalier Macaire. Naguère, dit-on, on pouvait voir encore sur la cheminée de la grande salle à manger du château de Montargis, cette scène de la lutte du lévrier vengeur et de l'assassin d'Aubry.

représentée en une peinture à demi-effacée par le temps.

C'est le levrier d'ailleurs qu'on retrouve sur les mausolées du Moyen-Age; au pied de la statue d'un haut et puissant seigneur se trouve presque invariablement couché ce chien élégant et aristocratique. Faut-il voir dans cette représentation l'emblème de la fidélité des vasseaux de ce seigneur, ou de celle que ce dernier avait lui-même pour le roi son suzerain, ou si l'on veut encore faut-il y trouver une allusion aux droits de haute chasse?

C'est au commencement du XVIe siècle qu'apparaissent en France les tout petits chiens de luxe.

Un savant collectionneur, M. Eugène Grésy, possédait une petite tapisserie sur laquelle se trouvent représentés François Ier et Eléonore d'Autriche, assistant d'une tribune à la curée du cerf. La reine, dit l'auteur auquel j'emprunte la description de cette vieille tapisserie, *« tient sur ses genoux et flatte de la main gauche une espèce de petit épagneul blanc. »*

C'est, j'en ai la conviction, un chien de cette espèce qu'Aldrovandi, le célèbre naturaliste du XVIe siècle, désigne dans son ouvrage sous le nom de « canis melitensis brevioribus pilis » (Chien de Mélita à poil court).

Et à ce sujet qu'on me permette de relever une erreur qu'ont commise tous mes devanciers. Il ne faut pas s'imaginer qu'au XVIᵉ siècle l'expression de chien de Mélita — ou de Malte si l'on veut — avait, au point de vue de la race, la signification très précise qu'elle a aujourd'hui.

De nos jours chien de Malte veut dire Bichon (Fig. 6) et pas autre chose. Au XVIᵉ siècle au contraire, l'appellation de chien de Malte s'appliquait tout aussi bien aux épagneuls nains que nous nommons actuellement Papillons ou Chiens-Écureuils, qu'aux petits chiens appartenant à la véritable race des bichons. En d'autres termes, le bichon proprement dit s'appelait chien de Malte à poil long et le petit épagneul à oreilles attachées haut, ou Chien-Écureuil, chien de Malte à poil court.

L'examen des bois qui illustrent le texte d'Aldrovandi permet facilement d'arriver à cette conclusion.

Pour convaincre le lecteur je mets sous ses yeux et le portrait du chien qu'Aldrovandi qualifie de Maltais à poil court et celui d'un petit Chien-Écureuil ayant appartenu à Madame de Pompadour. (Fig. 3 et Fig. 5).

La conformation générale de ces deux animaux est identique.

D'ailleurs le petit épagneul à oreilles attachées haut (Fig. 1) étant assez répandu au XVIᵉ siècle (c'est ce chien de dames que les peintres et les graveurs reproduisaient généralement) (1)

---

(1) Dans le Matin d'Henri Golzius se trouve figuré un petit épagneul faisant le beau devant sa maîtresse.

il eût été surprenant qu'Aldrovandi négligeât
d'en donner le portrait.

Sachant le sens qui s'attache à l'expression
de chien de Malte, on en arrive à penser que la
contradiction que l'on a relevée entre Blondus
et Gesner, au point de vue de la provenance de
ces petits animaux, est plus apparente que réelle.

Quoi qu'il en soit, d'après Henri Estienne,
les petits chiens de Mélita ont été très en vogue
vers l'année 1550; c'est ce qui résulte de la
lecture du dialogue suivant que cet auteur fait
tenir à deux de ses contemporains :

— Il faut que je vous demande si tenir un petit
chien, ce n'est pas aux dames une de leurs
manières de tenir contenance.

— Cette contenance (puisque vous l'appelez
ainsi) est toujours en usage; non pas tant toutefois qu'elle a été... Vous déplaît-elle ?...

— Je serais trop maugracieux, si je ne voulais
point permettre à nos dames une telle récréation.

— Vous le seriez vraiment; vu même qu'elle
a été permise de tout temps aux autres dames,
j'entends aux dames des autres pays. Car vous
savez que la race de tels chiens qui sont les petits
mignards des dames est venue de Grèce : à
savoir de l'île qui s'appelait Mélita, dont nous
avons fait premièrement Melte, par syncope, et
puis par erreur Malte.

. . . .

— Avant que je m'en allasse de France, Lyon
emportait le prix, quant à ces petits chiens.

— Mais dites-moi, les Lyonnais ont-ils

toujours cet honneur de fournir la France de cette belle engeance ?

— Il est bien mestier qu'ils aient l'honneur de la fournir de quelque meilleure engeance. Et quant à celle dont vous parlez, les Lyonnais en ont toujours laissé la charge aux Lyonnaises, et la laissent encore pour le jourd'hui.

J'ai tenu à transcrire presque intégralement ce dialogue car il constitue un document de la plus grande importance.

Il fixe nos idées sur plusieurs points obscurs de l'histoire de ces petits chiens de dames.

Fleurette à *Damoiselle* Charlotte Jeannin, était, s'il faut en croire Tabourot des Accords, une ravissante chienne de Malte. C'est à elle que ce spirituel mais éhonté conteur a dédié, l'une de ses « Touches ». Il en trace dans ces vers un portrait des plus flatteurs :

> Petite bête folâtre
> Aussi blanche que l'albâtre,
> Fleurette que j'aime mieux
> Qu'un diamant précieux,
> Fleurette aussi douce et belle
> Qu'une mignarde pucelle,

> Fleurette au beau musequin
> Camuset écarlatin,
> Sentant la fleur violette,
> Qui t'a fait nommer fleurette.

Jusqu'à présent nous n'avons eu à nous occuper que de chiens de dames à poil long ou demi

long, mais dès la seconde moitié du XVIe siècle
apparaît une race de petits chiens à poil ras. Il
s'agit des *Turquets*. Aucun cynologue, que je
sache, n'a encore fait de recherches ethnologiques
sur eux. Il est question de ces petits chiens dans
Brantôme (1578) Tabourot des Accords (1582);
Agrippa d'Aubigné (1616); Cotgrave (1632), etc.
La caractéristique des chiens de cette race était
d'avoir un museau anormalement court. Le
dictionnaire de l'Académie édition de 1694
donne du turquet la définition suivante: « espèce
de petit chien qui a le nez camus et le poil ras. »

Tout aussi explicite est cette phrase d'Agrippa
d'Aubigné :

« Le curé... menait (à la danse) une vieille garce
maigre et pâle. Si l'autre d'après avait quelque
grand nez, celle qui la suivait était camuse
comme un turquet. »

N'est-il pas permis de penser que le mot
turquet servait à désigner, au XVIe siècle, le petit
chien que nous appelons actuellement carlin
ou mopse?

C'est mon avis.

Cette opinion que j'ai, me met, je le sais, en
complète contradiction avec tous les cynologues
qui veulent que les carlins n'aient été importés
au plus tôt en Europe qu'au moment de la
fondation de la colonie du Cap par les Hollandais, c'est-à-dire au milieu du XVIIe siècle.

Quant à l'étymologie du mot turquet il n'est
pas besoin d'être grand clerc pour la trouver.
Turquet signifie évidemment petit turc. Mais

pourquoi la qualification de petits turcs a-t-elle
été donnée aux chiens de cette race?

Est-ce par ce que ces petits chiens étaient
élevés en Turquie d'où ils auraient été importés
par les Ottomans au moment où ceux-ci —

Carlin ou Mopse

c'étaient nos alliés — envoyaient leur flotte croiser
le long des rivages méditerranéens? Les Turcs à
cette époque ont débarqué dans plusieurs ports
en Italie, ils ont débarqué aussi à Nice. Enfin la
ville et le port de Toulon furent abandonnés à
Barberousse pour l'hivernement de sa flotte
en 1543.

Cette explication est d'autant plus recevable
que nous savons qu'en 1835, au moment où les
carlins commençaient à devenir partout ailleurs
presque introuvables, on les rencontrait en
assez grand nombre dans certaines villes du

littoral de la Méditerranée, à Monaco (1) et à Venise par exemple.

Mais si je suis disposé à croire que les turquets ou carlins ont primitivement été importés en Europe par les Ottomans, je suis loin de prétendre que la Turquie doit être regardée comme le berceau de cette race.

N'est-il pas d'ailleurs permis de supposer que l'apparition de ces chiens chez les Turcs Ottomans est contemporaine des incursions tartares en Asie-Mineure ?

Le berceau de cette race canine a probablement été l'Asie Centrale. C'est de là qu'elle a dû se répandre, d'un côté vers l'Extrême-Orient et de l'autre vers l'Asie-Mineure.

Il est fort regrettable que l'auteur qui nous a rapporté l'histoire des trois petits chiens dressés à monter la garde près du chevet de Henri III ne nous ait pas dit à quelle espèce appartenaient ces intelligents animaux. Lili, Titi et Mimi *venus à grands frais de la ville de Smyrne* étaient-ils des Turquets ? La question est malheureusement insoluble.

Quoi qu'il en soit nous savons que Henri III, si bien pourvu de tous les chiens de très petite taille, à l'achat desquels il dépensait au moins cent mille écus par an, comme l'affirment l'Estoile et Mezeray, prisait au plus haut point les petits turquets. Brantôme ne nous dit-il pas que l'ordre du Saint-Esprit, créé pour

____

(1) Alexandre DUMAS. *Impressions de voyages.*

Fig. 7. — Carlo à M. Félix Faure

Fig. 8. — Miss à M. Hanotaux.

Fig. 9. Lofki, au tzar Nicolas II

Cliché L. Richard

Fig. 10. Carlo, à M. Félix Faure.

Fig. 11. Marco, à la reine Victoria. Figure extraite du « Ladies Kennel Journal ».

Fig. 42. Méta, à M. Georges Ohnet.

Fig. 13. Pinpin, à M. Emile Zola.

Fig. 14. La Trouille, à Gyp.

Cliché C. Maurice.

Fig. 15. Pobejdaï, à M. Léon Cléry.

Cliché Pannelier

Fig. 16. La Truffe, à M. F. Coppée

Fig. 17. Kiki, à Mme la Duch^{sse} d'Uzès

Cliché Neyroud

Fig. 18. Lisette, chienne préférée
de M. Saint-Saëns.

récompenser les insignes services rendus par
l'élite de la noblesse, fut donné par Henri III à
un seigneur qui avait consenti à se défaire en sa
faveur de deux turquets « les plus beaux qu'on
sçarait voir au monde! »

D'ailleurs Henri III poussait l'amour qu'il
avait pour les petits chiens jusqu'à la folie.

Il passait toutes les après-midi (1) à se promener en carosse avec sa femme pour prendre
tous les petits chiens qui se trouvaient dans les
maisons des bourgeois et dans les monastères
(2) « Il nourrissait ensuite ces petits chiens
avec un soin extrême et portait souvent un panier
en écharpe, où il y en avait toujours deux ou
trois qu'il caressait de la main et de la voix » (3).

Il donnait même ses audiences ainsi accoutré
« Je me souviendrai toujours de son attitude,
dit Sully. Il avait une épée au côté, une cape
sur les épaules, une petite toque sur la tête,
un panier plein de petits chiens pendu à son cou
par un large ruban. »

Ses derniers favoris, de l'espèce canine, furent
Liline, Titi et Mimi dont j'ai parlé tout à
l'heure. Ils étaient d'une gentillesse ravissante,

---

(1) Le roy... va en coche avec la reine son épouse, par
les rues et maisons de Paris, prendre les petits chiens dame-
rets, qui à lui et à elle viennent à plaisir : va semblablement
par tous les monastères de femmes estans aux environs de
Paris faire pareille queste de petits chiens, au grand regret
et déplaisir des dames auxquelles les chiens appartenaient.
(L'Estoile).

(2) Mezeray, Histoire de France.

(3) Anecdotes recueillies par la duchesse de Bar.

mais leur intelligence et leur attachement surpas-
saient encore leur beauté; on les avait dressés de
bonne heure à monter la garde, et ils s'acquit-
taient à merveille de cet emploi. Placés près du
chevet de Henri, ils y faisaient sentinelle une
partie de la nuit, en tenant deux pattes appuyées
sur l'anse du panier qui leur servait de niche.
Une pendule, dont ces petits animaux connais-
saient très bien le son, servait à régler les heures
de garde. Dès que le factionnaire entendait le
timbre argentin qui lui annonçait l'heureux
moment du repos, il mordait l'oreille du camarade endormi dont le tour de garde était venu.
Se réveillant en sursaut, celui-ci prenait le poste
pour y installer ensuite son autre camarade. De
cette façon, Mimi succédait à Titi, et Titi à Liline,
sans interruption, et jamais le roi n'eut de garde-
du-corps plus fidèle.

On sait qu'un moine, nommé Jacques Clément,
vint de Paris à Saint-Cloud où était Henri III,
afin de l'assassiner. Lorsque le moine fut intro-
duit dans la chambre du roi, pour lui présenter
une lettre qui était le prétexte de l'attentat
médité, Liline s'élança de son panier contre lui ;
ce petit animal qui était fort doux et ne
faisait jamais de mal à personne, se mit à
aboyer contre lui tout en colère et voulut le
mordre.

Le roi, contrairement à sa coutume, fit retirer
ses chiens dans une pièce voisine. Liline devint
furieuse, et aboya plus fortement encore. En ce

moment Henri III reçut deux grands coups d'épée dans le bas ventre et tomba baigné dans son sang.

FIN DE LA 1ʳᵉ PARTIE

À suivre

LUCIEN RICHARD.

CHAPITRE II

LES CHIENS DES CÉLÉBRITÉS

du XIXᵉ siècle

INTRODUCTION

Je ne pensais pas, lorsque l'idée m'est venue de consacrer dans cette publication un chapitre aux chiens des célébrités, que je me trouverais entraîné à donner à cette étude une extension aussi considérable.

Je n'avais d'abord eu en vue que de demander, aux personnalités les plus connues de notre époque, les photographies de leurs chiens favoris pour reproduire celles-ci dans cet ouvrage. La réunion de tels documents me paraissait intéressante à faire. Nos gouvernants, nos artistes, nos littérateurs ont répondu obligeamment à mes demandes de renseignements; de tous côtés des documents me sont parvenus.

Mais me suis-je dit, si j'entreprenais des recherches historiques pour établir en quelque sorte le Livre d'Or des plus célèbres amis des chiens. Je me suis mis à l'œuvre et sans trop de mal je suis arrivé à réunir les documents nécessaires.

Dans l'impossibilité où je me trouve de donner à ce chapitre une extension qui pourrait paraître trop grande, je dois me contenter de ne publier cette année qu'une partie du résultat de mes recherches. L'année prochaine et les suivantes, je continuerai à cette place cette étude sur les chiens des célébrités historiques.

§ I

Les Chiens

de

L'IMPÉRATRICE JOSÉPHINE

Le premier chien que posséda Joséphine, après qu'elle eut été sacrée impératrice, fut un carlin. Cet animal était fort laid s'il faut en croire Mademoiselle Avrillon dans les mémoires de laquelle j'ai trouvé la plupart des renseignements qui vont suivre. « Il était fort laid, plus laid même peut-être que ceux de son espèce, et sa laideur même contribuait à sa beauté. »

D'ailleurs, à cette époque, les carlins étaient les chiens préférés de Joséphine, peut-être parce qu'ils étaient déjà fort rares. Le favori de l'impératrice était de tous ses voyages, elle le prenait avec elle dans sa voiture. Sans qu'il déplût précisément à l'empereur, ce carlin n'était véritablement pas en faveur auprès de lui. Il passait des journées entières dans la chambre de Joséphine, mais il n'y restait jamais pendant la nuit. Lorsque la femme de chambre de service fermait la porte de la chambre à coucher, il la suivait, sans préférence, et sans qu'il fût besoin de l'y contraindre ; il lui suffisait qu'elle fût de service ; et, il ne s'y trompait jamais. Il accompagnait la femme de chambre dans sa chambre, se couchait sur une chaise, et restait tranquille jusqu'au lendemain matin. Alors, il descendait dans le salon d'entrée et se tenait, sans témoigner d'impatience, à la porte de la chambre de sa maîtresse, jusqu'au moment où quelque domestique vînt ouvrir cette porte. Aussitôt il se précipitait dans la chambre de l'impératrice en manifestant toute sa joie.

Ce carlin mourut au retour du voyage au cours duquel l'impératrice visita Lyon, Chambéry, Lans-le-Bourg et Turin.

Vers le milieu de l'année 1809, lorsque Joséphine revint de Strasbourg où elle avait été accompagner Napoléon qui partait faire la campagne de Wagram, elle reçut de Berlin deux petits poméraniens blancs : un mâle et une femelle. Askim, c'était le nom du mâle, s'attacha vivement à sa nouvelle maîtresse qui l'emmena à Plombières, puis à Fontainebleau où l'empereur, de retour, eut en revoyant Joséphine le terrible accès de mauvaise humeur que l'on sait. L'Impératrice jugea utile d'attendre que Napoléon fût calmé, avant de lui présenter son nouveau favori. Elle redoutait tant qu'Askim ne reçût un fâcheux accueil de l'empereur. Elle choisit le moment favorable et tout se passa heureusement pour le mieux.

Quant à la femelle elle fut confiée à une femme de chambre qui de temps en temps la faisait descendre dans les appartements de l'impératrice.

Lorsqu'elle allait à la Malmaison, Joséphine emmenait le joli couple et ce sont ces deux chiens qui attirèrent l'attention de Madame Amable Tastu lorsque celle-ci visita cette belle propriété. « Pendant l'entretien qui dura environ dix minutes... ce qui m'occupa le plus, après l'impératrice, déclare Madame Tastu, c'étaient... deux petits chiens-loups, blancs comme la neige. Tantôt ils tournaient autour de nous avec une singulière gravité, paraissant nous examiner attentivement; tantôt ils se réunissaient derrière l'impératrice, comme pour se faire part de leurs observations, et quand la souveraine nous congédia, en nous invitant du ton le plus aimable à visiter sa galerie et ses jardins, l'un de ces jolis animaux, comme s'il eût voulu imiter sa maîtresse, s'arrêta un moment devant nous et nous salua d'un petit aboiement protecteur qui faillit me faire éclater de rire ».

Trois mois plus tard Joséphine quittait pour toujours les Tuileries. Askim, la femelle et les petits que cette dernière venait de mettre bas, partirent pour Rueil.

Askim mourut pendant le voyage que Joséphine fit en Suisse. Il était fort malade quand sa maîtresse arriva à Sécheron, à tel point d'ailleurs que Joséphine visita la Jungfrau sans l'emmener avec elle.

§ II

Les chiens

D'ALEXANDRE DUMAS PERE

Joséphine, Dumas père ! Ce n'est pas seulement leur amour commun pour les bêtes, qui en y réfléchissant, permet de faire un rapprochement entre ces deux personnalités.

Analogie dans l'ascendance, du sang créole coulait dans leur veines à tous deux ; analogie dans le caractère, leur bonté n'avait d'égale que leur prodigalité; analogie même au sujet des dates de leur mort, 1814, 1870, les deux années terribles de ce siècle!

En vérité le chalet Monte-Christo, qui fut édifié vers 1846 à Marly, était encore plus riche en animaux de toute sorte que ne l'avait été la Malmaison à Rueil.

Si Joséphine s'était entourée, dans sa retraite, de deux chiens, d'un kakatoès, d'une perruche et d'un orang-outang — une vraie ménagerie comme l'on voit — Dumas à Port-Marly, donna asile à quatorze chiens, à trois singes, à deux perroquets, à un chat, à deux paons, à deux pintades, à un faisan doré, à un coq, à une douzaine de poules et à un vautour!

Il avait rapporté ce dernier d'Algérie et lui avait donné le nom de Jugurtha. Le chat s'appelait Mysouff.

Quant aux singes ils portaient l'un le nom d'un traducteur célèbre: Pichot; l'autre le nom d'un romancier illustre; le troisième qui était une guenon, celui d'une actrice en vogue: Mademoiselle Déjazet.

Dumas possédait déjà ces trois singes et ce chat lorsqu'il habitait la villa Médicis à Saint-Germain. Mais à cette époque il n'avait que deux chiens: le célèbre Pritchard et Mouton.

Mouton d'ailleurs ne resta pas longtemps l'hôte de Dumas. Ce grand chien des Pyrénées lui avait été donné par l'un de ses voisins à Saint-Germain.

Le Mouton en question, c'est l'Allan du
Bâtard de Mauléon. Et voici comment Dumas
le décrit :

« C'était un de ces vigoureux mais sveltes chiens
de la Sierra, à la tête pointue comme celle de
l'ours, à l'œil étincelant comme celui du lynx,
aux jambes nerveuses comme celle du daim.

Tout son corps était couvert de soies fines et
longues qui faisaient chatoyer au soleil leurs
reflets d'argent ».

Au premier aspect, Mouton paraissait plutôt
sympathique ; il était lent dans ses mouvements
et semblait quelque peu indolent.

Un beau jour Dumas, travaillant au Bâtard de
Mauléon, dans le fond de son jardin, vit Mouton
saccager des dahlias. Le paragraphe terminé,
Dumas se leva et s'avançant doucement vers cet
énorme chien lui donna un formidable coup de
pied.

« Mouton fit entendre un grognement sourd,
pivota sur lui-même en regardant Dumas avec
des yeux sanglants, fit deux ou trois pas en
arrière et s'élança à la gorge du romancier.

La bête lui mordit et lui mâchura la main
droite ; de la gauche restée libre, et malgré la
douleur qu'il ressentait, Dumas serra le cou de
Mouton. Dumas avait les mains petites mais
solides ; sous cette étreinte l'animal commença
à râler.

C'était un encouragement, déclare Dumas ;
« je serrai plus fort, Mouton râla plus haut. Enfin
réunissant mes forces par une pression suprême,
j'eus la satisfaction de sentir que les dents de

Mouton commençaient à se desserrer ; une seconde après sa gueule s'ouvrit, ses yeux roulèrent dans leur orbite, il tomba terrassé sans que je lui lâchasse le cou ; seulement j'avais la main droite mutilée... J'étais ruisselant de sang. »

Alexandre, le fils de Dumas, accourait alors et s'imaginant, à première vue, que la lutte durait encore, allait chercher un poignard pour mettre à mort le chien.

Son père l'arrêta et préféra, avec juste raison, que Mouton fût mis en observation.

Pendant deux jours le chien ne mangea ni ne but, à la grande inquiétude de Dumas.

Enfin vers le milieu du troisième jour il plongea le nez dans sa pâtée et la dévora, puis tranquillement il s'achemina vers une terrine remplie d'eau.

Dumas était fixé. Mouton fut rendu au voisin qui se montra d'ailleurs fort vexé de cette restitution.

Pritchard restait donc le seul hôte de l'espèce canine à la villa Médicis.

Qu'était-ce que Pritchard, qui durant son assez longue existence, resta toujours le chien favori de Dumas ?

Ma foi, je serais assez embarrassé de vous dire à quelle race il appartenait. Je crois même, en dépit du qualificatif bizarre de pointer écossais, que lui octroie Dumas, que Pritchard n'était précisément d'aucune race. Il ne serait pas impossible toutefois que du sang de lévrier d'Écosse coulât dans ses veines.

En tout cas voici son portrait : « C'était un chien avec des oreilles presque droites, des yeux de couleur moutarde, à longs poils gris et blancs, portant un magnifique plumet à la queue. A part ce plumet, c'était un assez laid animal. »

Pritchard était un excellent chien de chasse; il ne fallait pas lui demander par exemple de chasser sous le canon du fusil : mais comme il arrêtait ! Si les exploits cynégétiques de Pritchard vous sont inconnus, lisez donc l'Histoire de mes Bêtes (1). Toutes les prouesses de Pritchard y sont contées de la façon la plus amusante. Et ce n'était pas seulement à la chasse que Pritchard se montrait un chien peu ordinaire.

Ce diable d'animal était malin et rusé comme on ne saurait l'imaginer.

Fort gourmand d'œufs, n'allait-il pas pour les avoir tout chauds, les recueillir au moment même de la ponte. Les poules, paraît-il, se prêtaient avec une complaisance incroyable aux manœuvres auxquelles Pritchard se livrait pour les débarrasser de ce qu'il convoitait. L'œuf était ainsi avalé avant d'avoir touché la terre ! Et la poule, la chose faite, cédait la place à une autre ! Pritchard gobait ainsi tous les matins au moins quatre œufs tout frais !

Il arriva à ce Pritchard, coup sur coup, trois accidents qui en firent un pauvre estropié. Il

---

(1) Calmann-Lévy, éditeur.

perdit d'abord une patte de derrière. Pris dans un piège, le malheureux pour recouvrer sa liberté n'hésita pas à faire le sacrifice de cette patte et à la ronger avec ses dents.

Il lui en restait trois dont il usa si bien, qu'un beau jour un chasseur, furieux de le voir lever le gibier hors de portée, lui envoya une charge de plomb.

Je ne vous dirai pas où Pritchard fut touché. Qu'il vous suffise de savoir qu'on craignit que le malheureux ne fût désormais incapable d'avoir des descendants. Il n'en fut rien puisque sa moitié (j'entends sa compagne Flore, belle chienne de chasse marron) produisit à quelque temps de là cinq petits, chez lesquels il était impossible de ne pas reconnaître la paternité du vieux favori de Dumas.

Flore et Pritchard eurent tous deux une fin tragique; Flore mourut en quelques secondes dans des convulsions déterminées par la morsure d'une vipère.

Pritchard, ce pauvre estropié... Au fait j'ai oublié de vous dire que le vautour Jugurtha lui avait en 1848, d'un coup de bec, crevé un œil, de sorte que ce malheureux chien, sur la fin de sa carrière, se trouvait à la fois borgne, privé d'une de ses pattes, et... incomplet en un mot.

Cela ne l'empêchait pas d'être encore fort solide et de chasser merveilleusement. Le malheur voulut qu'on procurât à Dumas un autre chien, le braque Catinat, appelé bientôt après Catilina.

Le célèbre romancier avait alors quitté Port-Marly; il demeurait dans un petit hôtel de la

rue d'Amsterdam. Sa ménagerie, là, était moins
importante ; il hébergeait encore toutefois, sans
compter Catinat, un chien : le vieux Pritchard,
une chienne, Flore, un héron et onze poules.

Le nouveau venu Catinat était un superbe et
vigoureux braque de trois ans, violent et querel-
leur. La présentation eut lieu. Pritchard regarda
Catinat d'un mauvais œil, Catinat jeta un regard
féroce sur Pritchard. Ils se sentirent, à première vue, pris d'une haine subite. Ils se
jetèrent l'un sur l'autre. On les sépara, mais
quelques heures après les deux ennemis parvin-
rent à s'échapper de l'endroit où ils étaient
séquestrés. Des cris de rage, des abois de douleur
se firent entendre. On se précipite du côté d'où
venait le vacarme. Pritchard gisait mourant. Il
rouvrit son œil, regarda Dumas « à la fois
tristement et tendrement », allongea les quatre
pattes, raidit son corps poussa un soupir et
expira. Catinat lui avait, d'un coup de dent,
ouvert la carotide, et la mort avait été presque
instantanée.

On creusa une fosse dans le jardin, attenant
au petit hôtel de la rue d'Amsterdam, et
Dumas rédigea ainsi l'épitaphe du pauvre
chien :

Comme le grand Rantzau, d'immortelle mémoire,
Il perdit, mutilé, quoique toujours vainqueur,
La moitié de son corps dans les champs de la
                                                    [gloire,
Et Mars ne lui laissa rien d'entier que le cœur !

Les Chiens

DES

CÉLÉBRITÉS CONTEMPORAINES

L'homme est l'ami du chien, dirai-je en inversant le célèbre aphorisme de Buffon. En tout cas ces deux êtres, si bien faits pour s'entendre, se portent une mutuelle affection. L'homme n'est pas, quoi qu'on dise, foncièrement égoïste, et le chien est si bon ! The only creature faithfull to the end, la seule créature fidèle jusqu'à la mort, proclame le dicton anglais qui résume si bien la qualité dominante dont est doué cet animal. Il est donc très naturel qu'à un auxiliaire aussi dévoué, l'homme accorde une bien franche amitié.

Je donne on le conçoit au mot homme son sens le plus général et d'ailleurs puisque j'avance que l'homme est l'ami du chien je pourrais sans être taxé d'exagération prétendre que la femme est son esclave.

Quoi qu'il en soit, lorsque j'ai eu l'idée de m'adresser aux célébrités contemporaines pour recueillir des renseignements concernant les chiens qui étaient leurs favoris, j'ai reçu un accueil des plus aimables. Les documents me sont parvenus nombreux et en fidèle historien je les publie en détail.

A tout seigneur, tout honneur. Commençons par le chien préféré de M. Félix Faure. Il a nom *Carlo*. C'est un superbe Setter Gordon. Dois-je ajouter pour les profanes que le Setter Gordon est cet épagneul d'arrêt, d'origine anglaise, dont le pelage est noir tacheté de feu? Carlo a deux ans. Il est fils de Lord, un chien bien connu appartenant à M. Barrère, notre ambassadeur au Quirinal, et d'une chienne superbe dont le possesseur est M. Bétolaud, l'éminent avocat. Carlo a commencé à chasser cette année à Rambouillet : il fait de superbes arrêts, quête vite et a été dressé au *down*. (Fig. 7 et 10).

M. Félix Faure, les années précédentes, avait comme chien de chasse, le vieux *Sir Forsac*, un épagneul Montbron, blanc et orange, dont la carrière bien remplie — il a dix ans sonnés — va s'achever à la villa du Havre. On lui a accordé ses invalides et il termine là son existence dans un doux farniente. Ce chien avait été vendu à M. Félix Faure par le comte de Baudry d'Asson.

Sir Forsac, il y a quelque trois ans, couvrit une épagneule écossaise du chenil du château de Voisins, château appartenant alors à M. Joubert.

Diane, c'est le nom de cette chienne, eut une portée et un des petits, une femelle, fut donnée à M. Hanotaux.

Il se trouve donc que *Miss*, la chienne préférée (Fig. 8) de notre ministre des Affaires Étrangères, est fille de ce vieil épagneul Sir Forsac auquel M. Félix Faure reste vivement attaché.

A côté du chien favori du Président plaçons le lévrier préféré du Tsar. *Lofki* (Fig. 9) est un magnifique Barzoï qui ne mesure pas moins de 70 centimètres de haut. Lofki accompagne son maître dans tous ses déplacements, il est donc venu à Paris.

C'était, avec les deux superbes cosaques, le seul personnage admis dans toute l'intimité du Tsar et il avait l'honneur d'être le gardien du sommeil de sa Majesté au Palais de l'Ambassade Russe. Chaque matin, à son réveil, Nicolas II ne manquait pas de caresser la tête intelligente de Lofki, son fidèle compagnon.

Le chien favori de la reine Victoria est un loulou appelé *Marco* (Fig. 11). Il a maintenant à peu près huit ans. Marco est fauve sur tout le corps; la queue et la culotte, bien que dans la même gamme, sont de teinte beaucoup plus claire et tirent un peu sur le blanc. Il est bien proportionné, bien bâti et pèse de 12 à 13 livres. Son poil est fort beau, il est droit et bien dense, surtout autour du cou où il forme une épaisse pèlerine. Sa queue, tout à fait bien portée, est abondamment garnie de poils qui forment un superbe panache au-dessus de son dos (Fig.).

Marco a des yeux brillants, perçants et intelligents. Les oreilles sont petites, droites et elles sont d'une mobilité surprenante.

M. Sardou n'a plus de chien... pourquoi? Il va vous le dire :

Paris 28
oct

Cher monsieur

Je n'ai pas de chien favori, je n'ai même plus de chien. — Le chien est un ami qui meurt trop vite. — qu'il faut laisser à la champs quand on vient à la ville, etc., etc. — J'y ai renoncé. Je vous prie de vous souvenir à moi en. ... Croyez — à tout ce que je vous veux faire, et croyez — moi votre très dévoué

J. Massenet

Voici maintenant l'avis de M. Massenet sur les chiens. Il aime ceux qu'il rencontre et qui lui font fête, mais il n'en possède personnellement aucun.

Paris
28 oct. [9].

Combien je suis sensible à
votre attention, Monsieur, tout en
regrettant de ne pouvoir y répondre
selon nos désirs —

— Mon chien favori ?... — mais
c'est celui qui passe, celui qui me
dit bonjour, c'est le chien du voisin !

Veuillez avoir, Monsieur,
à mes meilleurs sentiments.

Massenet.

M. Saint-Saëns, lui, a un faible pour une cer-
taine chienne du nom de *Lisette*. Cette petite
griffonne paraît être fort en faveur auprès du
Maître. (Fig. 18).

M. Émile Zola, possède un petit poméranien noir *Pinpin*, (Fig. 13) bien connu des familiers de l'hôtel de la rue de Bruxelles.

Paris 25 oct. 97

Monsieur,

Voici le portrait, fait par moi, de mon ami et compagnon, le chevalier Hector Pinpin de Coq-Hardi, un toulou de Poméranie, âgé de sept ans.

Dans l'intimité, on le nomme monsieur Pin.

Cordialement

Émile Zola

M. François Coppée a eu comme chienne favorite une Bouledogue. *Truffe* (Fig. 16)—c'est le nom de cette chienne qui a aujourd'hui cinq ans — était et est encore d'ailleurs la gardienne de la Fraizière, l'ancienne maison de campagne de M. François Coppée. Depuis que celui-ci s'est défait de cette propriété, Truffe reste confiée aux soins de M. Fortaillier, le dévoué jardinier de la Fraizière.

Méta à M. Georges Ohnet n'est pas une inconnue. Cette intelligente épagneule blanche et noire (fig. 12) joue un rôle important dans « Nemrod et Cie, » l'un des derniers romans du célèbre écrivain. Mais M. Georges Ohnet a bien voulu nous donner des renseignements circonstanciés sur sa fidèle compagne. Sa lettre est des plus intéressantes. C'est un panégyrique de Méta, mais en même temps une amère diatribe contre l'espèce humaine. M. Georges Ohnet décidément n'est pas tendre pour ses contemporains ! Qu'on en juge :

Voici, Monsieur, la photographie de ma chienne MÉTA. *L'origine de cette chienne est humble. Elle est née à Vannes (Morbihan) et je l'ai payée soixante-dix francs. Elle n'a aucun pedigree. Mais sa beauté est remarquable et elle est cent mille fois supérieure à tous les chiens, très coûteux et de haute origine, que j'ai achetés dans ma vie. J'en suis arrivé à cette opinion que plus un chien a de papiers, moins il a de valeur. Si vous me poussiez un peu, je déclarerais même qu'il n'y a que les chiens bâtards qui aient des qualités éminentes.*

Je pense volontiers d'eux ce qu'Alexandre Dumas disait, en parlant des millionnaires, qui n'ont jamais l'idée d'être des hommes de génie: « c'est la ressource des pauvres diables ».

Ma chienne Méta est de ces pauvres diables: elle a du génie dans son genre.

Pour arriver à cette perfection d'intelligence qui la caractérise, il faut absolument qu'elle ait une âme.

Je le lui demande quelquefois, et elle a une façon de me regarder qui équivaut à une réponse affirmative.

Ce n'est pas la première fois que je parle d'elle. Je l'ai déjà présentée, sous son nom, à mes lecteurs, dans mon roman Nemrod et Cie, mais je n'en ai pas dit tout le bien que je pensais et qui peut se résumer en cette simple phrase: si, sur cent êtres humains, il y en avait seulement un qui, moralement, vaille cette bête là, le monde serait meilleur qu'il n'est.

Agréez, etc.

GEORGES **OHNET.**

Gyp, possède une chienne qu'elle adore ; c'est *La Trouille* (fig. 14). Le portrait de La Trouille a été fait par sa maîtresse. Grâce à l'amabilité de celle-ci, nous avons pu photographier ce pastel

Cliché Givard, à Mantes

Fig. 19. Niborg, à M. Pierre Giffard

Cliché Pierre Petit

Fig. 20. Casilda, à M. Georges Laguerre

Fig. 21. L'Ours, à M. Edmond Stoullig.

Cliché Sarthony

Fig. 22. Toc, à M. Sarcey.

Fig. 23. « Queen 94 », white english terrier. Figure extraite de « the Dog Owners' Annual, 97 ».

Fig. 24. Dick, caniche blanc cordé. Prix d'honneur, Paris, 1897. (Jardin d'Acclimatation).

où se trouvent si bien rendus l'air craintif et le regard effaré qui caractérisent cette chienne et qui lui ont fait donner le nom typique qu'elle a. D'ailleurs l'auteur « d'Autour du Divorce » a bien voulu nous adresser au sujet de son inséparable compagne les renseignements que voici :

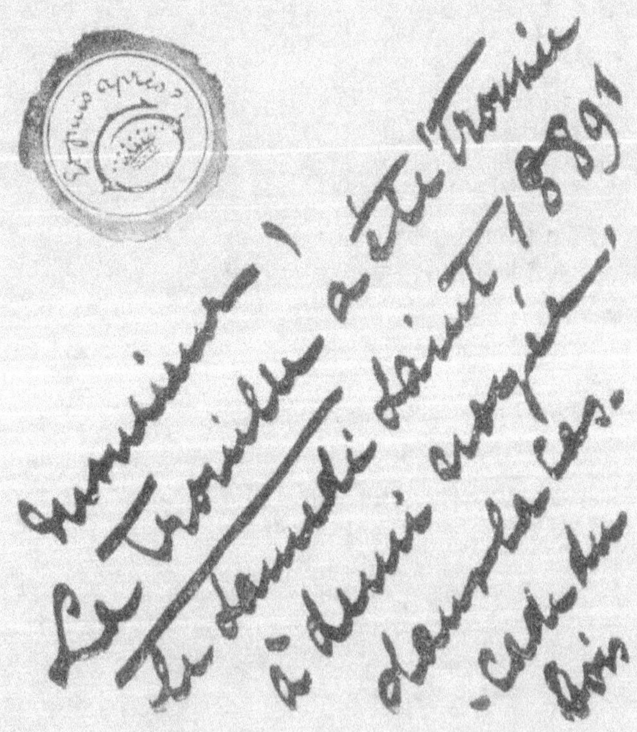

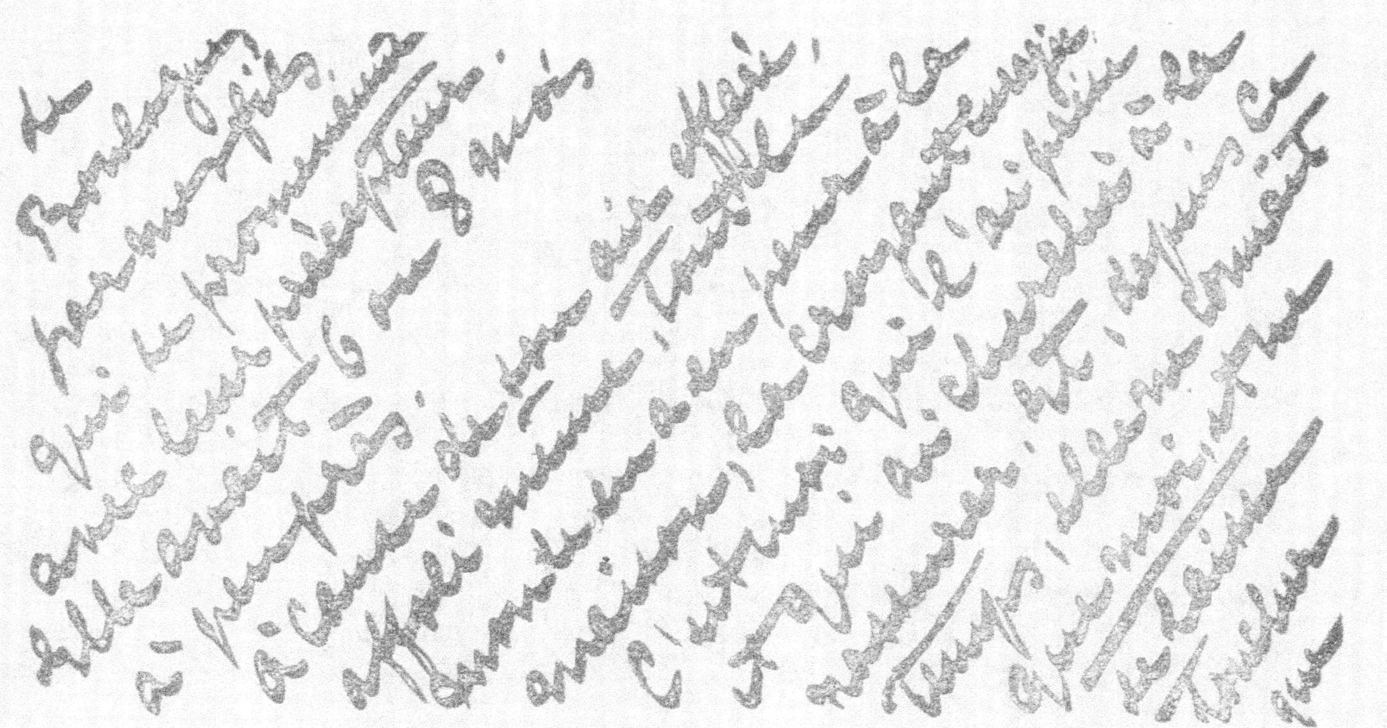

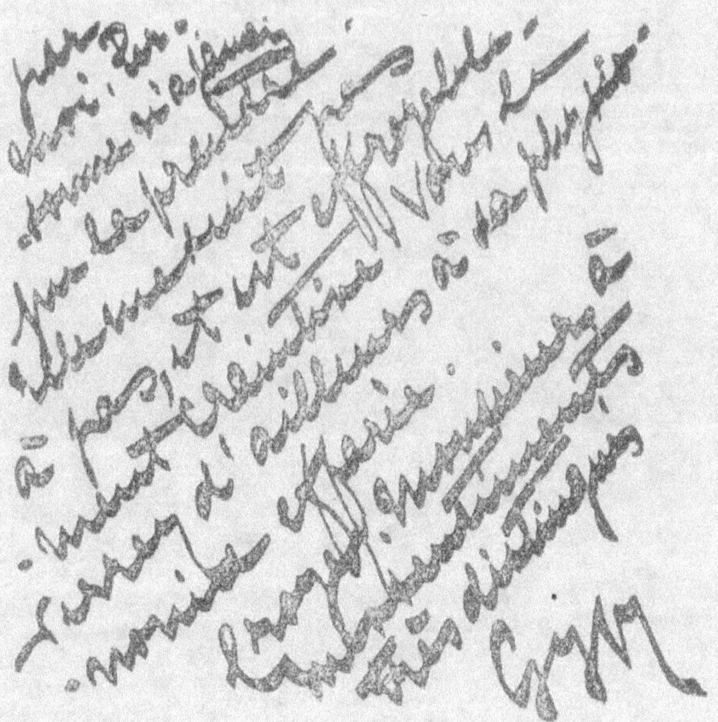

Le chien favori de Madame la Duchesse d'Uzès
est un petit chien mexicain de la province de
Tchi-Hua-Hua. C'est un véritable nain, il ne
mesure pas plus de 19 centimètres à l'épaule. Il
est rouge acajou (alezan) et répond au nom de
Kika. (fig. 17).

Toc, c'est le chien de M. Francisque Sarcey,
le célèbre critique. Toc est un Danois sous poil
gris (fig. 22). C'est un bel animal et d'excellente
garde. N'est-ce pas lui, si j'ai bonne mémoire,
qui endommagea quelque peu les mollets d'un
certain gamin, commis d'un fournisseur? Le
pauvre se risqua, pour son malheur, à entrer,
sans sonner, dans la propriété que possède « Notre
Oncle » à Nanterre. Toc, par une belle morsure.

rappela le jeune imprudent aux convenances. Le
blessé porta plainte et un procès s'en suivit.
Mais M. Sarcey démontra, avec sa bonhomie
habituelle, que c'était le commis qui s'était mis
dans son tort en entrant tout de go, sans
sonner. Le jugement d'ailleurs débouta le plaignant de sa demande en dommages et intérêts.

Voici aussi la photographie de *l'Ours*, (fig. 21)
au sujet duquel son aimable propriétaire m'en-
voie la charmante lettre que voici :

métempsycose ; à feu Loto,
l'étendais au boulevard, et qui
eut, à son heure, dans les
« grands quotidiens » sa notice
nécrologique et son écho « bien
parisien », j'avais juré de ne
pas donner de successeur. On a
trop de chagrin — ne riez pas ! —
quand on les perd.

Mais mon excellent
ami Georges de Porto-Riche
me présenta l'Ours, qu'il
avait acheté, l'été précédent,
pour son jeune fils Marcel,
à un moulin de Villerville.

L'Ours est un griffon
roux, de haute taille, ainsi
appelé parce qu'avec ses longs
poils il ressemble en effet

à en vers, et [illegible] un, au mieux. », était fait bien trouvé pour un chien d'auteur dramatique ! — « À vous-t? au dit l'écrivain d'_Amoureuse_: je pars pour le midi et ne le confie à personne que à toi : car le Ours est un bon chien qui a besoin d'être aimé ; tu l'aimeras, j'en suis sûr. »

Je l'adoptai donc ; [illegible] je l'aimai comme il mérite d'être aimé pour ses rares qualités d'affectueuse tendresse de douce mansuétude et d'étonnante philosophie, et volontiers, je passé sur ses défauts — personne ne pouvant le faire les fugues de plusieurs jours, ne pouvant passer auprès d'un clair ruisseau sans s'y vautrer tout de son long — sans doute pour affirmer son origine maritime.

Encore que s'il n'est pas absolument réussi à me faire oublier le regretté Toto, l'Ours ne laisse pas de me donner de vraies satisfactions. Que voulez-vous ! J'adore les chiens, et je me suis toujours défié de qui ne les aimait point. N'ai-je pas raison ?

Sympathiquement à vous

E. Stoullig

Au tour de *Nyborg*. Feu Nyborg doit-on dire, car ce brave chien est mort voici bientôt deux ans. Mais Nyborg a joué un tel rôle dans l'évolution de nos mœurs contemporaines que nous ne pouvons résister au désir de publier les renseignements que nous adresse son maître M. Pierre Giffard, le sympathique rédacteur en chef du Vélo.

Vers la fin de 1889, Nyborg, un superbe danois arlequin, alors âgé de 4 ans, accusait trop d'embonpoint. Il manquait d'exercice. Pour le faire galoper, M. Pierre Giffard, eut l'idée d'apprendre à monter à bicyclette. C'était à une époque où le sport vélocipédique était à peine connu de quelques initiés et provoquait surtout le dédain dans la masse du public.

M. Pierre Giffard révéla pour ainsi dire aux couches profondes de la société par une quantité d'articles, les bienfaits de la bicyclette, et c'est incontestablement à son initiative que nous devons le mouvement colossal dans lequel quiconque possède deux bonnes jambes est aujourd'hui emporté.

Les petites causes ont parfois de grands effets.

C'est ainsi qu'on peut faire remonter à la vie trop sédentaire jusqu'alors du chien danois Nyborg la raison d'être d'une véritable révolution sociale.

Les gens de robe sont en général des chasseurs acharnés ; il n'est donc pas étonnant qu'on trouve parmi eux, en très grand nombre, des **amis de l'espèce canine !**

Le chien favori de M. Léon Cléry s'appelle
Pobejdaï (fig. 15), il a une nature tant soit peu
singulière, comme l'avoue son maître :

Voici, Monsieur, le portrait
de mon chien Antonote (?)
que vous m'avez demandé.

Il est né en Sibérie.
Il s'appelle Pobejdaï qui
ne veut rien dire que l'impératif
du verbe : Vaincre ! Il est d'une
très noble race ainsi que je...
toutefois de titres surpassant...
les aïeux et lui-même. Chassé
habituellement à chasser sauf
dans les steppes jouissant d'un...
faire d'un caractère irrégulier
qui se remarque en... ... —

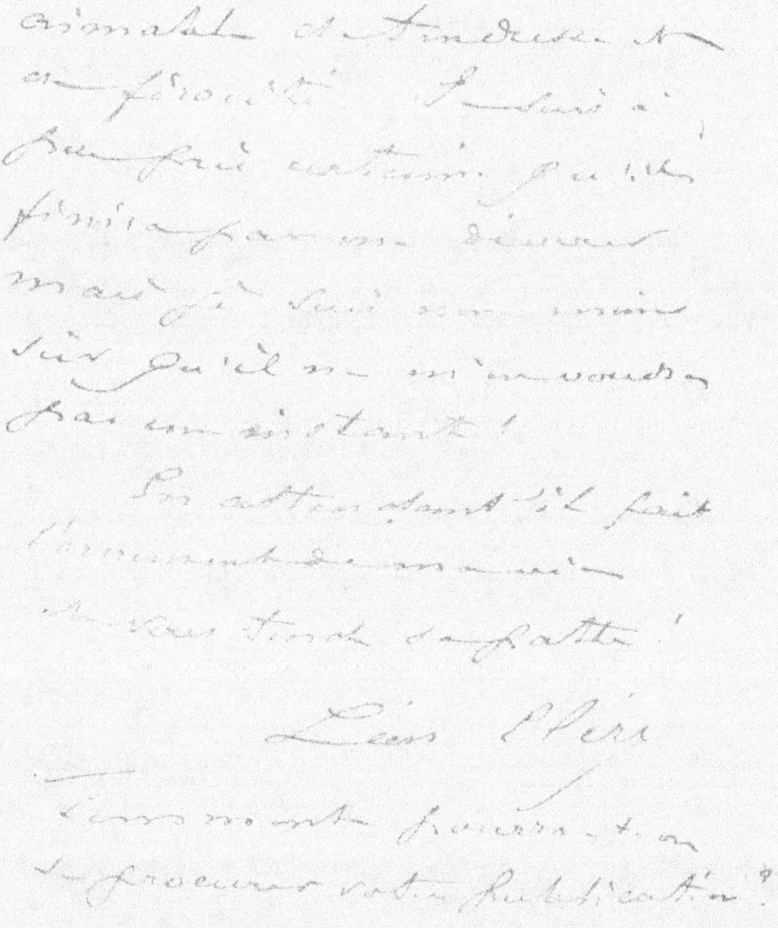

[lettre manuscrite, en grande partie illisible]

    Un autre avocat bien connu, M. Georges Laguerre, ancien député, a eu l'obligeance de nous envoyer la photographie de sa chienne favorite : une superbe braque bleue d'Auvergne, âgée de six ans (fig. 20).

Paris le 18 Novembre 1847.
37 Rue La Fontaine

Monsieur

J'accepte bien volontiers votre aimable
proposition et je vous remercie de vous
[illegible]

[illegible]

[illegible] la fidèle ressemblance de Victor
Hugo [illegible]

Recevez Monsieur l'expression
de toute ma [illegible]

Georges [illegible]

Nous aurions été heureux de publier le portrait de Pluto, le beau Chou-chou de M. Waldeck-Rousseau et ceux des fidèles compagnons de M. Pailleron, de M. Charles Garnier et d'autres célébrités contemporaines. Mais ces photographies nous sont parvenues trop tard. Elles trouveront place dans notre annuaire de l'année prochaine.

L. R.

CHAPITRE III

LE

DOGUE DE BORDEAUX

Le Dogue de Bordeaux, molosse lourd et puissant, à la tête énorme et carrée, aux babines tombantes, à la peau plissée sur le front et sur le crâne, lâche sur les joues, au cou et en arrière des épaules, attire les regards de tous les visiteurs aux Expositions canines. Le Dogue de Bordeaux — bien que voisin, dans la classification des races, du Dogue anglais ou Mastiff et du Bouledogue espagnol — présente des caractères différentiels assez nets.

La tête du Dogue de Bordeaux par exemple est beaucoup plus massive que celle du Mastiff. En outre elle a l'apparence d'un bloc limité par de brusques et grossiers méplats. La tête du Mastiff est visiblement moins carrée et les lignes qui la circonscrivent sont loin d'être exemptes de courbes continues.

La différenciation avec le Bouledogue espagnol est plus facile encore à établir. La mâchoire inférieure du Dogue de Bordeaux est à peine prééminente, son nez est moins refoulé en arrière, le ressaut fronto-nasal est moins profond.

Mais il est un autre caractère, typique chez le Bouledogue, qui fait défaut chez le Dogue de Bordeaux : c'est l'énorme disproportion, au point de vue de la puissance et de la musculature, entre les membres antérieurs et les membres postérieurs. L'arrière-train du Dogue de Bordeaux, loin d'avoir cette légèreté relative qui est le propre du Bouledogue, doit être aussi très solidement charpenté.

Il est impossible de dire à quelle époque les Dogues de Bordeaux sont apparus, l'histoire de cette race nous étant absolument inconnue. Il semble toutefois que le Dogue de Bordeaux est le chien moderne qui réunit la plupart des caractères que présentaient jadis les molosses d'origine asiatique. On est donc en droit de penser que cette race est fort ancienne. Ces molosses de l'antiquité, notamment ceux de la " période romaine ", avaient la queue recourbée. Cette particularité que nous regardons comme une défectuosité chez les Dogues de Bordeaux apparaît, semble-t-il, le plus souvent chez les sujets d'une étonnante précocité, sujets dont le poids à l'âge adulte atteint jusqu'à 100 et même 120 livres. Ne s'agirait-il pas là de la réapparition, due à l'atavisme, d'un caractère que la sélection aurait fait disparaître ?

Il y a trop peu de temps que l'on s'occupe de l'amélioration de cette race, pour que les chiens actuellement exposés aient un type uniforme.

Quelques uns rappellent trop le Mastiff. Il faut ranger dans ce groupe tous les chiens qui bien qu'atteignant un poids énorme (120 et même parfois 140 livres) sont défectueux en ce sens que leurs membres trop allongés n'ont pas une structure suffisamment massive.

Le museau des chiens de ce groupe est plutôt long, les oreilles sont plates, longues, parfois tordues. La taille oscille entre 72 et 76 centimètres. Généralement ces dogues ont le masque noir. Bien que nous ne trouvions pas les chiens de ce groupe à l'abri de tout reproche, quelques uns d'entre eux sont fort beaux. Parmi les plus célèbres nous citerons Ramus II, César X..., fille de Ramus II, Duc, Brutus, etc.

D'autres dogues dits de Bordeaux ont une ressemblance trop grande avec les Bouledogues espagnols. Ils sont caractérisés par une taille trop petite, une mâchoire trop proéminente, un arrière-train trop léger. Inutile de nommer ceux des Dogues de Bordeaux qui rentrent dans cette catégorie.

Nous arrivons aux Dogues de Bordeaux de forte taille, aux membres solides et plutôt courts, dogues ne rappelant aucunement dans leur ensemble ni le Mastiff ni le Bouledogue.

Le Dogue de Bordeaux idéal devrait être de forte taille, sa hauteur au garrot ne devrait guère être inférieure à 70 centimètres, sa tête énorme, carrée, sillonnée de rides profondes devrait mesurer plus de 65 centimètres de tour.

Cet athlète, au corps énorme, musclé, au cou de taureau ne se voit guère de nos jours ; mais il y a 25 ans il en existait encore quelques spécimens. C'est à cette époque que vivait le terrible Mina dont les exploits sont restés célèbres. En 1873, à la suite d'un pari, Mina terrassa un ours. En juin 1874, à Neuilly-sur-Seine, il livra 14 combats desquels il sortit toujours vainqueur. Ces combats eurent lieu coup sur coup, mais cependant en deux séries ; la seconde séance étant espacée de six jours de la première.

C'était un superbe molosse dont l'aspect était effrayant. Mina appartenait à M. Fontan, un éleveur passé maître dans l'art d'élever de beaux chiens de cette race.

Ce magnifique Dogue de Bordeaux ne fut jamais exposé et il ne fut pas photographié.

Toutefois, je crois savoir que le Docteur Viard qui se passionne avec juste raison pour l'élevage de cette belle race est en possession d'un document du plus haut intérêt. Il aurait acquis un bon portrait de Mina. La peinture signée A. Pera reproduit fidèlement ce beau dogue, alors dans l'éclat de sa jeunesse et en possession de toute sa force. C'est, paraît-il, une véritable œuvre d'art et le peintre a merveilleusement rendu l'expression, l'attitude et la conformation de ce redoutable chien resté célèbre par ses luttes contre les animaux féroces.

En somme Mina doit être considéré comme le type idéal du Dogue de Bordeaux ; il est à espérer que le Docteur Viard se décide à repro-

Fig. 25. Bromy Jack, bull-terrier à M. le Docteur
Viard. Grand-Prix, Paris, 1897. (Jardin d'Acclimatation).

Fig. 26. Le Dogue de Bordeaux, Doge Othello, à M. le Dr Vinal, de Saint-Étienne, 1ᵉʳ prix, Bruxelles, 1897. Doge Othello est né le 28 mars 1893.

Fig. 27. Saphyr. Ce toy-terrier, atteint de rage, mordit cruellement à la main sa maîtresse, la divette Jane Pierny, en mars 1897.

Fig. 28. Le célèbre Dogue de Bordeaux « Buffalo » à M. le Docteur Viard. Prix d'honneur Lyon 1897. Figure extraite de « the Dog Owners Annual ».

Fig. 29. Colleys (chiens de berger d'Écosse). Figure extraite de « The Collie » Horace Cox, éditeur.

duire le portrait dont nous venons de parler. Ce serait là rendre un grand service aux éleveurs qui n'auraient plus qu'à chercher, par une sélection sévère, à se rapprocher le plus possible du type primitif.

C'est à cette seule condition que la race du Dogue de Bordeaux pourra être fixée ; or elle est loin de l'être.

Le Docteur Viard possède, outre le portrait de Mina, deux superbes dessins anciens signés Cortès Gaillard. L'un représente le fameux Bataille, dit le Terrible, célèbre il y a 15 ans. Ce Dogue de Bordeaux, sauf la taille, était à peu près, au point de vue ethnique, comparable à Mina.

L'autre crayon montre l'un des frères de Bataille : Marius Ier. Ces deux chiens n'étaient pas de la même portée ; mais les dates de leur naissance ne furent guère éloignées l'une de l'autre. Or, si Bataille représente le Dogue de Bordeaux dans toute sa pureté, il n'en est pas de même de Marius Ier dont la tête rappelle trop celle du Bouledogue. Ainsi l'examen de ces deux dessins est intéressant en ce sens qu'il permet de fixer le moment précis où les croisements regrettables avec d'autres races ont commencé à être opérés par les éleveurs.

Donnons maintenant les points caractéristiques du Dogue de Bordeaux.

Apparence générale. C'est un chien à poil ras,

grand, lourd, massif, bien musclé, puissamment charpenté.

Tête. Elle est énorme, et bien que le chien soit de grande taille, le volume de cette tête paraît vraiment disproportionné. La tête doit-être carrée et un crâne arrondi est un défaut capital. Le museau est fort, il est haut, il est large. Il doit être plutôt court, pas trop cependant car il ne doit pas rappeler du tout celui du Bouledogue. La mâchoire inférieure est légèrement proéminente, elle ne doit guère dépasser la mâchoire supérieure de plus d'un centimètre. En tout cas cette saillie ne doit pas être visible extérieurement. Les mâchoires sont remarquablement puissantes et sont garnies de dents énormes. La peau sur les joues et sous le menton doit être lâche ; les babines seront larges et bien pendantes ; le front et le crâne seront profondément sillonnés de plis.

Yeux. Les yeux sont petits, assez écartés, de couleur brune. Ils sont placés au fond de l'orbite et sont entourés de plis profonds. Le regard est perçant.

Nez. Le nez est large est les narines grandes.

Oreilles. Elles doivent être petites et fines. L'oreille grande et épaisse est un défaut. Parfois les oreilles sont rognées.

Cou. Le cou doit être très fort et très puissant. Il doit rappeler le cou du taureau. La peau en sera très lâche.

Épaules. Fortes, larges et bien musclées.

Poitrine. Large, haute, très ouverte.

Dos. Il faut rechercher un dos droit et court. Mais le dos, chez les chiens de combat, à la suite des fatigues, devient le plus souvent ensellé.

Reins. Larges et musclés.

Ventre. Un peu relevé.

Pattes de devant. Très épaisses, fortes, très musclées, plutôt courtes que longues. Les rayons osseux seront énormes, les aplombs parfaits.

Train de derrière. Tout à fait différent de celui du Bouledogue. Les membres postérieurs seront donc très forts et très puissants. Cette conformation est absolument nécessaire étant donnée la manière de combattre du Dogue de Bordeaux. Les jarrets sont parfois défectueux.

Pieds. Ronds, larges, les ongles bien courbés.

Queue. Doit-être attachée bas. Elle sera épaisse à la racine, de moyenne longueur. Elle ne doit jamais être portée haut.

Peau. Épaisse.

Poil. Court et ras. Il doit être couché ; la partie inférieure de la queue ne doit pas être garnie de poils longs et grossiers.

Couleur. Fauve doré ou roux. Plus la couleur

est foncée mieux cela vaut. Les robes bringées, noires et pies entraînent la disqualification.

Le tour des yeux et la mâchoire supérieure sont d'une teinte plus foncée que le reste du corps. Ce masque est tantôt rouge, tantôt noir. Toutes choses étant égales d'ailleurs, on classe généralement premiers les Dogues de Bordeaux à masque rouge. Mais la couleur du masque, en définitive, n'a pas grande importance et ne saurait être considérée en tout cas comme un critérium de la pureté de la race.

Usages. Dans le Midi de la France, les chiens de cette race livrent des combats aux loups et aux ours. Ils sont aussi employés comme chiens de garde.

Hauteur. La taille d'un Dogue de Bordeaux ne devrait guère être inférieure à 76 centimètres. Toutefois actuellement cette hauteur est rarement atteinte par les sujets qui se rapprochent le plus, à tous autres points de vue, du type primitif. Un Dogue de Bordeaux dont la taille n'atteint que 64 centimètres n'est pas pour cette seule raison à rejeter, mais la tolérance ne saurait guère être plus grande.

Tour de tête. Si la taille était restée ce qu'elle devrait être, un tour de tête supérieur à 66 centimètres serait de rigueur. Mais à l'heure présente il ne faut pas exiger plus de 64 à 65 centimètres.

Défauts. Toute conformation rappelant le Mastiff d'une part et le Bouledogue de l'autre,

Des jambes hautes, un corps allongé, une poitrine étroite, constituent de très graves défauts.

On doit citer parmi les plus beaux Dogues de Bordeaux, d'abord Mina dont nous avons parlé plus haut, puis Bataille, Caporal, Sultane, Raoul Ier, Mars, Buffalo Ier, Rolland, Doge, Othello Ier, Sans-Peur, Néro, Raad, Nora, Nelly, Dragonne, Bard, Raoul II, etc.

Les éleveurs de Dogues de Bordeaux sont peu nombreux. Il faut mettre en première ligne M. le Dr Viard, de Saint-Étienne à qui appartiennent Buffalo et Othello (fig. 26 et 28). Buffalo Ier est considéré par « le Dogue de Bordeaux Club » comme étant à l'heure présente le plus beau type de cette race.

Les autres éleveurs les plus connus sont M. Rivaille, en Algérie et M. Brooke, en Angleterre.

Le dogue de Bordeaux se développe assez rapidement. Il pèse de 350 à 500 grammes à la naissance; le poids d'un mâle atteint 4 kilos à un mois, 9 kilos à 2 mois, 12 à 15 kilos à 3 mois, 30 à 32 kilos à 6 mois, 40 à 45 kilos à un an; à l'âge adulte, le Dogue de Bordeaux doit peser 50 kilos au minimum et 60 au maximum. Sa tête ne commence réellement à se former qu'à l'âge de 14 mois, elle n'a atteint tout son volume que lorsque l'animal est âgé de 3 ans.

ECHELLE DES POINTS

d'après le Comte de Bylandt

Apparence générale	10
Tête	25
Rides	10
Cou	10
Poitrine	5
Dos	5
Pattes	10
Pieds	10
Poil et couleur	15
TOTAL	100

LE COLLEY

Quelle est l'étymologie du mot Colley ou plutôt du mot Collie, car c'est de préférence sous ce dernier nom qu'est désigné en Angleterre le chien de berger d'Ecosse ? Un profane pourrait croire que cette appellation a pour origine le *collier* ou bande blanche qui orne le cou de certains chiens de cette race, particularité fort recherchée d'ailleurs. Cette étymologie, que j'ai souvent entendu donner par des personnes qui se croyaient bien renseignées, est absolument fantaisiste, je n'ai pas besoin de le dire.

Plusieurs opinions ont été émises au sujet de l'origine du mot colley ou collie. Comme Lee, je crois que collie a servi à désigner d'abord la race des moutons que ces chiens étaient destinés à garder et que ce n'est que plus tard que cette appellation a été étendue au chien lui-même. *Collied* (d'où collie) signifie en effet *charbonné* et c'est ainsi qu'on appelait autrefois la célèbre race des moutons du Nord de l'Angleterre, race dont la caractéristique est d'avoir la face et les membres noirs ou *charbonnés*.

Il y a deux variétés de collies, le collie à poil
court et le collie à poil long. Nous ne nous occu-
perons que de cette dernière variété, l'autre
étant pour ainsi dire inconnue en France.
D'ailleurs, longueur du poil à part, les caractères
sont exactement les mêmes dans les deux variétés.

Le chien de berger d'Écosse (fig. 29), dont la
taille ne doit pas être inférieure à 50 centimètres
chez les femelles et à 53 centimètres chez les
mâles, a une apparence générale qui dénote une
intelligence très vive, une grande force et
une activité remarquable.

La tête du colley est longue, sans être cependant
dant disproportionnée par rapport à la taille. Le

crâne doit être large, mais modérément haut. Sa
conformation doit être telle qu'elle indique une
grande capacité cérébrale et cependant il sera
plutôt plat qu'arrondi. Récemment par suite de
croisements opérés avec les barzoïs, certains

éleveurs anglais ont produit des colleys dont la
tête trop longue, le crâne trop étroit et trop plat
rappellent beaucoup le lévrier. Ce type de colley
me déplaît souverainement.

Les yeux du chien de berger d'Écosse sont
foncés, expressifs et placés obliquement ; les
oreilles petites, attachées haut, couvertes de poil
court, sont, quand l'attention du chien est
éveillée, relevées de telle sorte que, seule, la
pointe retombe en avant, en crochet. Quand l'animal n'est pas excité, elles sont couchées en
arrière.

La poitrine est profonde, étroite devant, pour
devenir d'une bonne largeur en arrière des
épaules. Les pattes de devant sont droites ; les
jarrets sont bien coudés ; les pieds sont compacts
et forts ; la queue bien touffue, ne doit jamais se
relever sur le dos même lorsque le chien est
excité.

Le corps est couvert de deux sortes de poils :
un poil extérieur très dur et un sous-poil soyeux.
Au niveau du cou le pelage est très fourni et la
longueur du jabot est caractéristique de la race.
La face doit être à poil ras, doux au toucher ; le
poil est court aussi au-dessous des jarrets. Toutes
les couleurs sont admises. Les colleys gris tache-
tés de noir et les colleys tout blancs sont les plus
recherchés ; puis, viennent les colleys sable (couleur de martre) et blancs (avec une bande blanche
autour du cou et l'extrémité de la queue de même
couleur). Les colleys noirs et feu ne sont
plus estimés. Le poil des colleys n'atteint
toute sa longueur que lorsque ces chiens ont
15 mois.

Défauts : Tête se rapprochant comme conformation de celle du lévrier (crâne trop étroit) ou
de celle du setter (museau pas assez effilé),
crâne bombé, os occipital trop développé,
oreilles pendantes, yeux trop grands, de couleur
claire ou placés horizontalement ; pattes trop
poilues ; queue trop courte ou relevée sur le
dos.

ECHELLE DES POINTS

d'après le Collie Club (anglais)

Tête et expression 15
Oreilles 10
Cou et épaules 10
Pattes et pieds 15
Croupe 10
Dos et reins 10
Queue   5
Poil (pèlerine et jabot) 20
Taille   5

                              TOTAL 100

ECHELLE DES POINTS

d'après le Collie Club (écossais)

Grandeur et apparence générale 10
Tête 15
Yeux   5
Oreilles 10
Cou et épaules 10
Corps 10
Pattes et pieds 15
Queue   5
Poil 20

                              TOTAL 100

ECHOS DE L'ANNÉE

Variétés

LE COLLEY DE LI-HUNG-CHANG

Le journal belge « Chasse et Pêche » s'est fait l'écho d'une bien bonne histoire au sujet d'un superbe colley, provenant de l'élevage de M. Panure-Gordon. Ce dernier qui est président d'une Société canine écossaise, fit un cadeau princier à Li-Hung-Chang, lorsque l'ambassadeur chinois vint en Angleterre. Le présent consistait en un superbe chien de berger d'Ecosse, dont la valeur atteignait au bas mot 25,000 francs. L'animal fut envoyé à Li-Hung-Chang. Plusieurs jours se passèrent sans qu'aucune lettre avisât le donateur que le chien était arrivé à destination. M. Panure-Gordon inquiet écrivit à Li-Hung-Chang, qui lui répondit textuellement « Je remercie M. Panure-Gordon de son envoi. Les gens de ma suite ont trouvé le chien exquis. Quant à moi, je vous avouerai que je n'en mange jamais. »

LES CIMETIÈRES DE CHIENS

à Londres

Tout dernièrement un journal rapportait qu'on venait d'inaugurer aux environs de Londres un cimetière pour chiens. Mais contrairement à ce que pourrait faire supposer cette information, il ne s'agit pas là d'une innovation. Il y a beau temps qu'il existe dans Londres même un enclos où les gens de la haute société ont fait enterrer leurs chiens favoris.

Ce cimetière pour chiens est situé dans Hyde Park, près de Victoria Gate.

Les tombes sont disposées régulièrement; elles sont sans exception ornées d'une pierre fichée verticalement dans le sol et sur laquelle a été gravée une inscription qui indique le nom du chien. En 1893 le nombre de ces tombes était de 39, il y en a plus de 200 actuellement. C'est en 1881 que ce cimetière aurait été fondé.

Les tombes sont en général fort bien entretenues ; la plupart sont ornées de fleurs souvent renouvelés. Les épitaphes portées sur certains de ces petits monuments funéraires sont parfois touchantes de naïveté.

Qu'on nous permette d'en traduire quelques-unes :

A Curly.

« Un ami fidèle. Il ne put se consoler de la mort de sa maîtresse et mourut de chagrin. »

A Mona (1878-1892)
« Elle a été aimée, pleurée, et regrettée ».

A Will.
« Le meilleur ami que j'aie jamais eu ».

A Jane
« Notre gentille et charmante Blenheim. Il a disparu avec elle, le rayon de soleil qu'elle avait jeté sur notre existence ! »

Pauvre Zoé !
« En souvenir de l'affection qu'elle a montrée pour sa maîtresse qui, elle, l'a adorée et l'a pleurée comme aucune autre chienne ne l'a jamais été. »

Au caniche Pompey.
« On aurait pu croire que c'était un être humain ; mais... il était fidèle ! »

L'INSTITUT PASTEUR

Voici plus de dix ans que les inoculations préventives de la rage sont pratiquées à l'Institut Pasteur. M. Duclaux, qui a succédé au célèbre fondateur de l'établissement a donné lors de l'Assemblée annuelle de 1897 quelques chiffres qui prouvent péremptoirement la valeur du traitement pastorien. Pendant les 10 années qui viennent de s'écouler dix-neuf mille personnes, dont seize mille français, ont été inoculées. Quatre-vingt dix seulement ont succombé à la rage, soit un insuccès sur deux cents personnes soumises au traitement préventif. Ce merveilleux résultat dispense de tout commentaire.

LE NOMBRE DES CHIENS
en France

D'après la statistique dressée par l'Administration des Contributions directes, il n'existe pas dans notre pays moins de 2.960.000 chiens, dont 800.000 chiens de luxe. Le département de la Seine renferme 134.000 chiens. En 1878 il n'y avait pas moins de 2.000.000 de chiens en France; en 1885 le nombre de 2.500.000 était dépassé. On voit d'après ces chiffres que la population canine augmente rapidement, malgré les hécatombes prescrites par l'Administration préfectorale.

LE PRIX DE VENTE
de quelques chiens célèbres

La vente de quelques chiens célèbres a atteint parfois des prix fabuleux. C'est ainsi que le Saint-Bernard *Plinlimmon* fut acheté 25.000

francs par l'acteur américain J. K. Emmett. On proposa 40.000 francs au propriétaire de *Sir Belvedere*, (Sir Belvedere était lui aussi un Saint-Bernard). Cette offre fut repoussée.

A la dernière exposition canine du Palais de Cristal à Londres. Madame Houlker vendit 5.000 francs le Toy Poméranien *Black Prince*.

Un américain vient d'offrir à Madame Horsfall 13.500 francs de son superbe grand danois *Hannibal of Redgrave* et la propriétaire de Hannibal a refusé.

En France, les chiens n'atteignent pas des prix aussi élevés et les lauréats de nos expositions canines ne sont guère vendus plus de 1.000 francs, 2.000 francs au maximum.

L'ANGLETERRE

et les Chiens de provenance française

Depuis le 15 septembre 1897. l'importation des chiens est devenue pour ainsi dire impossible en Angleterre. Les formalités à accomplir pour obtenir l'autorisation préalable sont nombreuses. Il faut écrire au secrétaire du Département de l'Agriculture : 4. Whitehall place. Londres, S. W. en joignant à la demande d'importation les renseignements suivants :

1° Le signalement détaillé du chien (race, sexe, âge et couleur).

2° Le pays dans lequel ce chien se trouve.

3° Le port où l'on se propose de le débarquer en Angleterre.

4° L'endroit où il sera dirigé pour subir la séquestration et l'isolement qui peuvent être ordonnés par le Département de l'Agriculture et l'itinéraire à suivre pour atteindre ce lieu de séquestration.

DÉMARCHES A FAIRE
pour rentrer en possession d'un chien perdu

Lorsque l'on a perdu un chien on doit se rendre au Commissariat de Police le plus proche pour faire une déclaration, puis à la Fourrière, sise rue de Pontoise. Avant d'aller à ce dernier établissement, on peut, et cette précaution permet dans certains cas de rentrer 24 heures plus tôt en possession du chien perdu, on peut se faire délivrer par le Commissariat un certificat d'identité. L'assistance de deux témoins patentés est nécessaire pour obtenir cette pièce sans laquelle il est impossible de retirer un chien de la Fourrière. La remise des chiens réclamés a lieu tous les jours, rue de Pontoise, de 9 heures du matin à 4 heures de l'après-midi. Généralement les frais à acquitter ne s'élèvent guère à plus de 3 francs.

Il peut être utile de faire apposer des affiches

dans les environs du lieu où un chien a été
perdu. Plusieurs agences spéciales se chargent
de l'impression et du collage de ces affiches,
mais le plus simple est encore de s'adresser à un
imprimeur du quartier.

Ces affiches devront être imprimées sur du
papier de couleur. Le format généralement
adopté mesure environ 41 centimètres sur 31 centimètres. Les affiches de cette grandeur doivent
porter chacune un timbre, *dit de dimension*,
coûtant 7 centimes. Ces timbres se trouvent, à
Paris, dans les bureaux d'enregistrement dont
les adresses suivent : 30, rue des Bons-Enfants,
(1er arrondissement) ; 13, rue de la Banque,
(2e arrondissement) ; 10, rue Béranger, (3e arrondissement ; 80, rue Rivoli, (4e arrondissement) ;
18, rue Denfert-Rochereau, (5e arrondissement) ;
30, rue Notre-Dame-des-Champs, (6e arrondissement) ; 123, rue de Grenelle, (7e arrondissement) ;
40, rue du Rocher, (8e arrondissement ; 42, rue
Maubeuge, (9e arrondissement ; 29, rue du Châ-
teau-d'Eau, (10e arrondissement) ; 6, place
Voltaire, (11e arrondissement ; 52, avenue Dau-
mesnil, (12e arrondissement ; 49, boulevard Saint-
Marcel, (13e arrondissement) ; 130, boulevard
Montparnasse, 14e arrondissement) ; 1, rue Baus-
set, (15e arrondissement ; 14, rue Gustave-Cour-
bet, (16e arrondissement) ; 5, rue Clairaut,
(17e arrondissement) ; 17, rue Hégésippe-Moreau,
(18e arrondissement) ; 37, rue Bouret, (19e arrondissement) ; 336, rue des Pyrénées, (20e arrondissement).

Il faut faire apposer une centaine d'affiches. Il

est bon d'envoyer sous bande (affranchir), un exemplaire non revêtu de timbre : 1° à la Préfecture de Police ; 2° à la Fourrière ; 3° au Marché aux chiens ; 4° aux commissariats de police des quartiers limitrophes de celui ou a été perdu le chien ; 5° enfin aux principaux marchands de chiens. On trouvera dans le Bottin les adresses de ces marchands de chiens.

Voici comment devront être libellées les affiches :

(TANT DE) FRANCS

de récompense

CHIEN DE TELLE RACE

perdu

Il a été perdu le... (date), à (heure), aux environs de (telles rues), un chien (race, âge et signalement complet). Il répond au nom de... Ce chien portait un collier (description du collier et adresse qui peut s'y trouver désignée). La personne qui l'a trouvé est priée de le ramener à l'adresse suivante..., où lui sera remise la récompense promise.

CHAPITRE V

LE LIVRE D'OR

de la Gent canine

L'intelligence remarquable dont font souvent preuve les animaux de l'espèce canine a servi de sujet à de nombreux ouvrages. Il nous serait facile de recourir à ces sources pour composer une partie de ce chapitre. Mais les hauts faits à mettre à l'actif de nos bons amis les chiens ont été assez nombreux cette année pour que leur simple relation suffise à démontrer que Michelet ne s'était pas trompé en disant que « les chiens sont des candidats à l'humanité » et que Toussenel n'avait pas tout à fait tort en affirmant que « ce qu'il y a de meilleur dans l'homme c'est le chien ».

Enregistrons donc, sous la rubrique du Livre d'Or de la gent canine, les exploits imputables aux animaux de cette espèce.

Les journaux cynotechniques anglais sont remplis de ces exemples surprenants de courage et d'intelligence chez le chien.

Une chienne Terre-Neuve *Princess May*, appartenant à Lord Stanley, s'est vu décerner une médaille et un collier d'argent par la *Royal*

Human Society de Bolton Angleterre). La
vaillante bête avait sauvé de la mort un enfant
qui était tombé sous les roues d'un tramway, et
allait infailliblement être écrasé.

De même la Société des Gabariers et des Bate-
liers de la Tamise a gratifié d'un collier d'argent
le retriever *Roger* auquel l'équipage de la
gabarre l'Eliza, qui sombra une nuit près de
Nortfleet-Hope, doit la vie. Les hommes de
l'Eliza dormaient, lorsqu'une voie d'eau se
déclara subitement à fond de cale. C'est alors que
Roger, sentant l'imminence du danger, se préci-
pita, aboyant vers les portes des cabines et
réveilla les mariniers : il avaient à peine quitté
le bord que l'Eliza s'abîmait dans les flots.

Une jeune dame retournait un soir chez elle,
revenant de chez des amis qui habitaient environ
à 20 minutes du village. On lui avait offert
de l'accompagner, ce qu'elle refusa tant la route
qu'elle avait à faire lui paraissait sûre. A peine
avait-elle quitté ses hôtes qu'elle se vit rejoindre
par cinq chiens qu'elle n'avait jamais vus aupa-
ravant. Ces chiens la suivirent de très près.
Arrivée près d'une carrière, elle aperçut se
dirigeant vers elle un homme dont les intentions
lui parurent suspectes. Elle prit peur, mais les
chiens sans qu'elle eût poussé un cri, montrèrent
les crocs au quidam et jusqu'à ce que celui-ci se
fût éloigné le menacèrent en aboyant furieusement. La dame continua alors sa route et arriva
aux abords du village où elle habitait. Dès

qu'elle eut atteint les premières maisons, les
chiens la quittèrent et s'en retournèrent par la
route qu'ils avaient suivie. Ces animaux l'avaient
escortée dans le but de la protéger tant qu'elle
avait été seule, et s'étaient enfuis dès qu'elle se
trouva à portée de secours de la part des habi-
tants du village.

L'attachement de *Touton* pour le petit Gré-
goire, l'enfant martyr, a été le sujet de si nombreux
articles dans les journaux quotidiens que je me
contente de mentionner ici le nom de ce brave
animal.

La presse parisienne a enregistré d'autres
exploits à mettre à l'actif de la gent canine.
C'est ainsi que vers la fin du mois d'avril 1897,
un aveugle, ayant nom Raymond Berse, vint
à la Mairie du XI arrondissement pour toucher
un secours de 30 francs. Il était accompagné de
son chien. En route il rencontra un voisin, le
nommé Querce, qui lui offrit de l'accompagner
et de se charger des quelques dernières formalités qu'il y avait à remplir. Berse accepta avec
plaisir. Mais Querce aussitôt qu'il eut touché l'argent, fila avec. La police prévenue
n'arrivait pas à retrouver le voleur quand,
quelques semaines après, un jour que le malheureux aveugle, demandait la charité aux passants,
à la foire au pain d'épice, le chien après avoir
furieusement aboyé se jeta sur un quidam et le
saisit à la jambe.
Berse alors reconnut la voix de son voleur et

fit comprendre à son chien de ne pas lâcher celui-ci. Et jusqu'à l'arrivée d'un gardien de la paix qu'on alla requérir, le fidèle animal tint bon sa capture.

Le Terre-Neuve *Sultan*, dont les exploits et les sauvetages ont été si nombreux, est mort cette année victime de sa fidélité. Parmi les hauts faits qui étaient à l'actif de ce vaillant animal, auquel la Société protectrice des animaux décerna solennellement, le 9 mai 1894, un collier d'honneur, on cite l'arrestation d'un voleur, la capture d'un meurtrier et onze sauvetages y compris celui d'un enfant de 13 ans qui allait être noyé dans la Marne.

Sultan appartenait en dernier lieu à Madame Foucher de Careil, dont le château est aux environs de Corbeil. C'était dans cette localité la terreur des malfaiteurs. C'est l'un d'eux, croit-on, qui l'a empoisonné.

CHAPITRE VI

L'ÉLEVAGE DES CHIENS

Il est inutile d'insister sur les difficultés que présente l'élevage dans l'espèce canine. La plupart des amateurs qui se sont adonnés à cet élevage, ont été bientôt découragés. Les portées sont si souvent enlevées, presque tout entières. En quelques jours la mort frappe successivement les jeunes. Ce sont d'abord les malingres qui périssent, puis les petits, dont l'état de santé paraissait excellent, commencent à s'affaiblir et sont emportés si rapidement que l'éleveur-amateur s'imagine parfois être en présence de cas d'empoisonnement ! Il n'en est rien cependant.

Les neuf dixièmes, sinon la totalité des maladies mortelles auxquelles succombent les chiens dans leur première enfance, c'est-à-dire dans la période comprise entre la naissance et cinq mois, résultent d'une alimentation défectueuse ou de la présence de vers dans les voies digestives.

Bonne alimentation, intestins libres de vers, promenades au grand air, voilà les secrets de l'élevage.

Alimentation. — Jusqu'à ce qu'ils aient un mois, les petits ne réclament d'autre nourriture que le lait que leur fournit leur mère ; mais à partir de ce moment, pour ne pas épuiser celle-ci, on pourra leur présenter un peu de lait de vache. Le lait sera donné tiède. On doit sevrer les jeunes chiens à six semaines ; mais jusqu'à neuf semaines le lait doit rester leur nourriture principale. Il ne faut pas tout d'un coup passer du lait, des laitages et des bouillies à la viande. Opérer brusquement ce changement de régime pourrait amener de graves entérites. De huit à dix semaines je donne comme nourriture une pâtée composée d'une part de croûtes de pain détrempées dans du bouillon de Liébig et d'autre part de cervelle de mouton bouillie et écrasée. A deux mois et demi on commencera à faire entrer la viande dans la nourriture et on supprimera presque totalement le lait. De quatre à huit mois les jeunes chiens doivent recevoir une nourriture très substantielle dans laquelle la viande crue hachée menu doit entrer pour une bonne part. Il est faux de dire que ce régime tend à donner mauvaise odeur à leur haleine (1). La viande maigre, c'est à dire privée de graisse, n'a nullement cet inconvénient et elle est absolument indispensable pendant cette

---

(1) Les débris des molaires de lait, lorsque les jeunes chiens ont sept ou huit mois, irritent la muqueuse et déterminent des gingivites. Le plus souvent c'est là la cause de l'odeur repoussante qu'a l'haleine des jeunes chiens à cet âge. Pour y remédier, il suffit d'arracher les débris de ces molaires de lait.

période. Un point important est de donner des os à ronger aux jeunes chiens. Mais il faut que ces os soient volumineux, de telle sorte qu'ils ne puissent être brisés. Les os de poulet, par exemple, doivent être rejetés.

Ce régime alimentaire intensif comporte comme corollaire, la nécessité de prévenir la constipation. Dans ce but on aura fréquemment recours aux laxatifs, en particulier à la manne et au calomel (celui-ci employé à dose très minime) que je considère pour les jeunes chiens comme bien supérieurs à l'huile de ricin, d'une administration d'ailleurs très difficile. Combien de chiens ai-je vus périr de pneumonies gangréneuses qui avaient pour cause la pénétration d'huile de ricin dans la trachée. C'est que d'ordinaire pour faire prendre cette drogue, on a la fâcheuse habitude d'ouvrir largement la gueule du chien et de verser d'un seul coup, au fond de l'arrière-bouche, le contenu du flacon. On ne peut s'y prendre mieux pour faire pénétrer une partie du liquide dans les voies respiratoires, et, par suite pour déterminer soit l'asphyxie, soit des pneumonies gangréneuses. Qu'il s'agisse de faire prendre une potion quelconque, voici comment l'on doit procéder : on fait maintenir verticalement la tête du chien pendant que l'on tire en dehors l'une des commissures des lèvres (babines). On forme ainsi entre les dents et la joue, un espace libre dans lequel on versera peu à peu la potion à administrer.

Si la constipation est à craindre chez les jeunes

chiens, la diarrhée ne l'est pas moins, surtout
lorsqu'elle se déclare dans les premières semaines
de leur existence.

Vers. Un jeune chien paraît-il maladif, a-t-il
le poil terne, en mauvais état, son haleine
répand-elle une odeur aigrelette, le ventre paraît-
il dur, retracté quand l'appétit fait défaut, est-il
très volumineux après un repas assez copieux ?
Si ces symptômes existent, prenez garde, ce
jeune chien donne asile à des parasites intestinaux, il n'y a pas de doute !

Ces vers peuvent être, soit des ténias (vers
rubanaires) soit des ascarides (vers crochus).

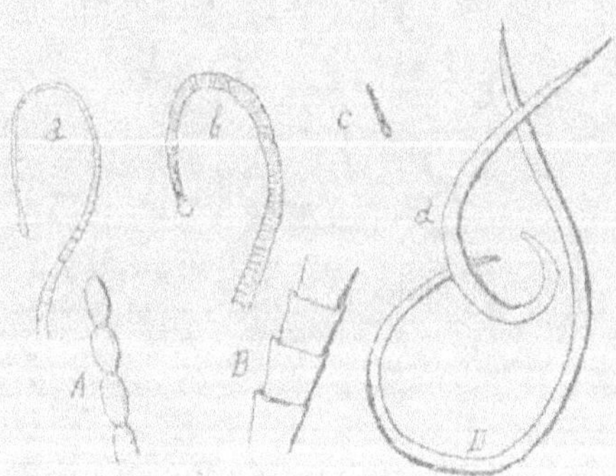

Les vers du chien

a Ténia canina ou ver en forme de ruban festonné (tête ;
A — — — (derniers anneaux).
b Ténia commun ou ver en forme de ruban dentelé (tête).
B — — — (derniers anneaux).
c Ténia minuscule.
d, D Ascarides ou vers ronds et crochus.

Un jeune chien peut résister aux ténias, tandis
qu'il est voué à une mort pour ainsi dire certai-
ne s'il est infesté de vers crochus. En tout cas,

quelle que soit leur nature, tous ces parasites sont dangereux en ce sens qu'ils causent une anémie mettant l'animal dans de très mauvaises conditions pour passer la période critique qui coïncide avec l'éruption des dents de remplacement. Vienne la maladie et le jeune chien, déjà affaibli, tombera dans le marasme et ne tardera pas à succomber à l'une des affections organiques (pneumonie, entérite, méningite, paralysie), qui compliquent si fréquemment la maladie du jeune âge proprement dite.

Les vers crochus (ascarides), qui sont comme je l'ai dit les plus redoutables des parasites intestinaux, ne se développent généralement qu'une fois que les jeunes chiens commencent à prendre une nourriture autre que le lait de leur mère. L'eau et le lait de vache sont probablement les véhicules ordinaires des germes d'ascarides. Il serait donc logique de ne se servir pour les jeunes chiens que d'eau filtrée et de lait bouilli. Mais même en prenant ces précautions on n'est pas sûr de prévenir toute contamination. Les mamelles ne sont-elles pas souillées si la mère se couche sur un sol dont la propreté est douteuse ? Je sais que pour prévenir ce mode de contamination on a conseillé de faire prendre des bains à la mère et de lui lotionner quotidiennement les mamelles avec un liquide capable de tuer les embryons d'ascarides, avec une solution de Crésyl, par exemple.

Mais le vétérinaire anglais Chambers a été conduit à penser que même le lait de la mère peut contenir des germes d'ascarides. Selon lui, chez

certaines chiennes l'estomac serait incapable de
détruire la vitalité de ces germes qui passeraient
alors rapidement à travers la muqueuse digestive
pour parvenir dans les glandes mammaires. Augmenter le pouvoir digestif de l'estomac de la
mère et des jeunes chiens lui semble donc le
meilleur moyen d'empêcher ces derniers d'être
infestés d'ascarides.

C'est à la pepsine qu'il conseille d'avoir recours. Avant que les petits ne puissent laper on
se contenterait de mêler, deux fois par jour à la
nourriture de la mère, 4 grammes de pepsine.
Lorsque la pepsine peut être donnée directement
aux jeunes, la dose pour chacun d'eux est d'un
gramme deux fois par jour.

Enfin, M. Chambers regarde les préparations
ferrugineuses comme très actives contre les
ascarides. Il les préfère aux contre-vers généralement prescrits. Je suis en tout cas de son avis
en ce qui concerne la santonine qui, lorsqu'elle
est administrée à une dose quotidienne supérieure à 10 centigrammes pour les chiens des
races de moyenne taille et à 3 centigrammes pour
les chiens de races de taille très petite peut
amener des effets désastreux.

Comme ferrugineux, M. Chambers donne la
préférence au citrate de fer ammoniacal en
solution au huitième et à la dose d'une cuillerée
à café deux fois par jour pour chaque jeune chien
lorsque la solution leur est donnée directement.
Quand le médicament est administré par l'intermédiaire de la mère on fera prendre à celle-ci,

deux fois par jour, autant de fois deux cuillerées
à café qu'il y a de petits.

Exercice. Les promenades quotidiennes *au
dehors* sont indispensables. Ce n'est qu'à cette
condition que l'on a chance de maintenir les
jeunes chiens gais, forts et robustes. Je ne sau-
rais trop insister sur ce point. Le jeune chien a
besoin de ces sorties pour se maintenir en bonne
santé. N'essayez pas de faire l'élevage en chambre, vous perdriez votre temps et vous seriez
tout à fait déçus quant aux résultats.

Pour conclure, lecteur, je vous dirai que
l'élevage est en somme chose assez facile, mais
il faut pouvoir disposer de beaucoup de temps et
faire preuve de quelque intelligence. Vous avez
de l'intelligence à revendre, mais vous avez peu
de loisirs : ne vous occupez pas d'élevage !

L. RICHARD.

DATES PRÉSUMÉES

des Expositions canines
et des Field-trials en 1898

Février

Exposition à Londres, organisée par M. Cruft au Royal Agricultural Hall. Durée 3 jours (9, 10 et 11). Secrétaire, M. Ch. Cruft, 325, Holloway Road, Londres.

Mars

Exposition de Colleys et de Chiens de berger anglais courte-queue du 8 au 10 mars au Crystal Palace.

Exposition canine de Bruxelles organisée par les Clubs du Schipperkee, du Griffon Bruxellois. Durée 3 jours, (12, 13 et 14). Secrétaire, M. Vanbuggenhoudt, 42, rue d'Isabelle, Bruxelles.

Exposition canine de La Haye, réservée aux Dachshunds. Durée 2 jours, (18 et 19).

Les Field-trials organisés par l' « International Pointer and Setter Society » auront lieu à Cuts (Oise) le 29 mars. Secrétaire M. Boutroue, 40, rue des Mathurins.

Avril

Les Field-trials organisés par la Société Centrale auront lieu au Boulleaume (Oise) et commenceront le 1er avril. Secrétaire, M. Boutroue, 40, rue des Mathurins.

Les Field-Trials organisés par le Club du Griffon belge auront lieu en Belgique le 1er et le 2 avril.

Les Field-Trials organisés par le Club du Gordon Setter Belge auront lieu en Belgique, le 7 avril.

Les Field-trials organisés en Angleterre par le Kennel Club, commenceront le 13 avril, à Orwel Park (près Ipswich).

Les Field-trials organisés par le Club du Griffon Allemand auront lieu le 13 et le 14 avril à Goddelau, (Grand Duché de Hesse). Secrétaire, M. Winkler, à Gimbsheim, Hesse.

Field-Trials de Schrewsbury (Angleterre), organisés par le « National Pointer and Setter Club » Durée trois jours, 19, 20 et 21 avril.

Field-trials de la Dombe, organisés par la Société Canine du Sud-Est. Ces épreuves comprendront un concours international (grande quête et un concours national (quête libre). Les dates ne sont pas encore fixées au moment du tirage de l'annuaire. Secrétaire, M. Avet, 35, rue Tupin, Lyon.

Exposition canine de Marseille organisée dans le courant du mois (date indéterminée) par la Société canine du Sud-Est. Secrétaire, M. Avet, 35, rue Tupin, Lyon.

Mai

Exposition canine à Londres, réservée aux chiens de luxe. (Pet and foreign dogs). Elle aura lieu à l'Aquarium royal et durera 3 jours, (3, 4 et 5 mai). Secrétaire, M. Hugh. T. C. Collis.

Exposition canine en Hollande. Durée 3 jours (probablement 7, 8 et 9).

Exposition canine à Londres réservée aux Fox-terriers et organisée à l'Aquarium royal par le « Fox terrier Club ». Durée 3 jours (10, 11 et 12). Secrétaire, M. Amlot, 29, King Edward, road, South Hackney, Londres, N. E.

Exposition canine à Paris, organisée aux Tuileries par la Société Centrale. Durée 8 jours, (du 18 au 25 mai). Secrétaire, M. Boutroue, 40, rue des Mathurins.

Exposition canine à Vienne, (Autriche). Durée 3 jours (20, 21 et 22).

Concours de chiens de luxe, organisé à Paris, aux Tuileries par la Société Centrale. Les chiens doivent appartenir à des dames et être présentés par elles. Le concours a lieu le 24 mai à 1 heure pour les chiens de luxe à poil ras et le lendemain même heure pour les chiens de luxe à poil long. Secrétaire. M. Boutroue, 40, rue des Mathurins.

Exposition canine à Francfort-sur-le-Main. Durée 4 jours, (probalement du 27 au 30).

Juin

Exposition canine en Belgique, organisée par la Société Royale Saint-Hubert. Durée 3 jours. (probablement du 5 au 7). La ville dans laquelle aura lieu cette exposition n'est pas encore désignée au moment du tirage de l'Annuaire. Ce sera Ostende ou Spa. Secrétaire. M. du Pré, 42, rue d'Isabelle, Bruxelles.

Exposition à Londres réservée aux Bull-dogs et organisée à l'Aquarium Royal par le « Bull-dog Club » Durée 3 jours. (probablement du 15 au 17). Secrétaire, M. Franck W. Crowther, 9, Darenth road, Stamfort Hill, Londres N.

Exposition canine à Paris organisée par le « Journal » au jardin zoologique d'Acclimatation. Durée probable deux jours. La date exacte de cette exposition n'est pas encore fixée au moment du tirage de l'Annuaire. Secrétaire, M. Paul Mégnin, 100, rue Richelieu.

Exposition à Londres organisée par la « Ladies Kennel Association ». Cette exposition est réservée aux chiens appartenant à des dames.

Durée 2 jours (23 et 24 juin. Secrétaire, Madame Robinson. 5, Great James Street, Bedfort Road, Londres, W. C.

Juillet

Exposition canine d'Amsterdam, organisée par la Société « Nimrod ». Durée 3 jours. (Probablement 9, 10 et 11).

Octobre

Exposition à Londres organisée au Crystal Palace par le Kennel Club. Durée 3 jours (probablement 18, 19 et 20), Secrétaire, M. Aspinall, 27, Old Burlington Street, Londres W.

Décembre

Exposition canine à Londres, organisée à l'Aquarium Royal et réservée aux chiens de races étrangères. Secrétaire, M. W. R. Temple, 66, Carlisle Mansions, Victoria Street, Londres, S. W.

RÉSULTATS DES FIELD-TRIALS
de 1897

FIELD-TRIALS DE LIMEZY

1er Concours international à grande quête

1er prix : Bendigo of Brussels, pointer, à M. Morren, de Bruxelles.

2e prix : Wild Frederick, setter, à M. Aug. Richard, à Arlon, Belgique.

3e prix : Wild Fréda, setter, à M. Aug. Richard, à Arlon, Belgique.

4e prix : Jeannette de Strasbourg, pointer, à M. P. Lobstein, de Strasbourg.

5e prix : Barton-Charmer, setter, à Sir H. T., de Trafford Bart, Angleterre.

6e prix (mention) : May Prince, setter, à Miss Bibby, Angleterre.

7e prix (mention) : Dora of Kippen, pointer, à M. Lowe, Angleterre.

2e Concours international à grande quête
(puppies)

1er prix : Wild Rake-Rake, setter, à M. Aug. Richard, à Arlon, Belgique.

2e prix : Prince-Pedro, pointer, à M. Elias Bishop, Angleterre.

3e prix : (M. H.) Black of Thyrimont, setter, à M. Lurkin, Belgique.

4ᵉ prix : (M. H.) Dolly of Meirelbeke, pointer, à M. Drory, Belgique.

5ᵉ prix (mention) : Bravo of Antwerp, pointer, à M. Ad. Ad. Clidenkoven. Belgique.

Concours international pour chiens de races françaises et continentales, (le Saint-Germain excepté).

1ᵉʳ prix : Cachou, griffon à poil dur, au baron de Gingens.

2ᵉ prix : Méo, griffon à poil laineux, à M. Lhoir, à Cuts, Oise.

3ᵉ prix : Pallas Elsass, griffon à poil dur, à M. Koster, Hollande.

4ᵉ prix (mention) : Mascotte, braque du Bourbonnais, à M. Lafosse, Seine-Inférieure.

5ᵉ prix (mention) : Miralda, Griffonne à poil dur, à M. le baron de Gingens.

FIELD-TRIALS DU BOULLEAUME

Concours international à grande quête

1ᵉʳ et 2ᵉ prix partagés entre Wild Frederick, setter anglais, à M. Aug. Richard et Jeanne de Strasbourg, pointer, à M. P. Lobstein.

3ᵉ et 4ᵉ prix partagés entre Mabel of Kippen, setter anglais, à M. F. C. Lowe, et Barton Charmer, setter anglais, à M. de Trafford.

(M. H.) May Prince, setter anglais, à Miss Bibby et Smala of Boulaines, chienne pointer, à M. Louis Barymann.

Concours national pour pointers

1ᵉʳ prix : Nero of Meirelbeke, à M. le Docteur Luc Arbel.

2ᵉ prix : Nad, à M. Fernand Guiffet.

FIELD-TRIALS DE LONGUEVILLE

(quête restreinte)

1ᵉʳ prix : Salut, pointer, à M. Guerlain.

2ᵉ prix : Rap, pointer, à M. Menans de Corre.

3ᵉ prix : Mouquette, chienne pointer, M. Aubrée.

4ᵉ prix : Captain Bold, setter anglais, à M. Baron.

M. T. H. Cosaque, griffon à poil dur, à M. Boulet.

FIELD-TRIALS DU BOULLEAUME

(quête restreinte)

1ᵉʳ prix : Rap, pointer, à M. Menans de Corre

2ᵉ prix : (pas décerné).

3ᵉ prix : (ex æquo). Belle de Lihus, setter anglais, à M. de Poly, et Gypsy, pointer, à M. Maurice Langlois.

FIELD-TRIALS DU KENNEL-CLUB
à Orwell Park

Concours pour puppies

1ᵉʳ prix : Sam Sullivan, setter irlandais, à
M. C. Austin.

2ᵉ prix : Kitty Wind'en, setter anglais, à
M. Purcell Llewellin.

3ᵉ prix : Prince Pedro, pointer, à M. Elias
Bishop.

4ᵉ et 5ᵉ prix partagés entre Gem Corbet, setter
anglais, à M. Purcell Llewellin et Drayton Belle,
pointer, à M. W. Nicholson.

5ᵉ et 6ᵉ prix partagés entre Roy of Meirelbech,
pointer, à M. Drory et Barton Punch, setter
irlandais, à M. de Trafford.

Concours pour chiens de tout âge

1ᵉʳ prix : Bendigo of Brussels, pointer, à
Adhemar Morren.

2ᵉ prix : Mabel of Kippen, setter anglais, à
M. Lowe.

3ᵉ prix : Bonny Pat of Cold Hill, setter irlandais, à M. H. M. Wilson.

4ᵉ prix : Dolly of Budhill, pointer, à M. B. Y.
Warwich.

CHAPITRE IX

CLUBS

s'occupant de l'amélioration des races canines
d'origine française

Dogue de Bordeaux

Club du Dogue de Bordeaux. Secrétaire,
M. Boutroue, 40, rue des Mathurins, Paris.

Réunion des amateurs de chiens de garde et
d'utilité français. Secrétaire Paul Mégnin, 12,
boulevard Poissonnière.

Dogue de Bordeaux club. Secrétaire, M. H.
C. Brooke, Boxley Heath, Kent, Angleterre.

Bouledogue français

French Bulldog club of América, Président,
M. Watrous, New-York.

Chiens de berger français

Club français du chien de berger. Secrétaire, M. Boutroue, 40, rue des Mathurins

Réunion des amateurs de chiens de garde et d'utilité français. Secrétaire, M. Paul Mégnin, 12, boulevard Poissonnière.

Saint-Bernard

Saint-Bernard Club. Secrétaire, G. W. Marsden, 84, Great Saint-Thomas Apostle, Londres, E. C.

Réunion des amateurs de chiens de garde et d'utilité français. Secrétaire, M. Paul Mégnin, 12, boulevard Poissonnière.

Saint-Bernard Club. Secrétaire, Docteur Straumann, Waldenbourg, Suisse.

Caniches

Poodle Club. Secrétaire, C. Tyron Vicarage Road, Teddington, Angleterre.

Pudel-Klub. Secrétaire, Hans Prechtl, 16, Haberlstrasse, Munich, Allemagne.

Chiens d'arrêt français

Réunion des amateurs de chiens d'arrêt français. Secrétaire, Mégnin, 12, boulevard Poissonnière.

Société des Field-Trials de Normandie. Secrétaire, Comte de Germiney, Rouen.

Société Centrale pour l'Amélioration des races canines en France. Secrétaire, Boutroue, 40, rue des Mathurins.

Club de l'Épagneul français. Secrétariat. 5. rue Saussaie, Paris.

Société Havraise pour l'amélioration des races de chiens et en particulier de la race des Épagneuls de Pont-Audemer. Président. J. de Coninck. Le Havre.

Société canine du Sud-Est. Secrétaire, V. Avet, 35, rue Tupin. Lyon.

Chiens courants français

Société de Vénerie. Secrétaire. Comte G. de Beaumont.

Bassets français

Club du Basset français. Secrétariat. 40. rue des Mathurins.

Basset hound club. Secrétariat. 2. Roby House. Sefton Park, Liverpool. Angleterre.

PRINCIPAUX CLUBS DES RACES CANINES
d'origine anglaise et belge

Black and tan terrier club. G. Gallaher, The Limes. Leyton. Angleterre.

Bulldog club. F. W. Crowther. 9. Darenth Road. Stamford Hill. Londres N.

British bulldog Club. C. W. F. Jackson, Hinton Charterhouse, Bath, Angleterre.

Fox terrier club. J. C. Tuine, Bashley Lodge, Lymington, Hands, Angleterre.

Club du Griffon bruxellois. Vanbuggenhoudt, 42, rue d'Isabelle, Bruxelles.

Skipperke club. Vanbuggenhoudt, 42, rue d'Isabelle, Bruxelles.

Yorkshire terrier club. T. Cooper, 16, Lechmere road, Willesden Green.

Irish setter club. S. Brown, 27, Eustace Street Dublin.

Gordon setter club. F. A. Manning, Effingham Lodge, Upper Norwood

CLUBS

Des races canines exotiques nouvellement introduites en France

Japanese Spaniel Club (Club de l'Épagneul japonais. Secrétaire, E. W. Murphy, Brandon Farm, Birkenhead, Angleterre

—

Chow-Chow Club (Club du Chou-Chou ou Loulou de Chine). Secrétaire W. R. Temple, 60, Carlisle Mansions, Victoria Street, Londres, S. W.

Pekinesse Spaniel Club (Club de l'épagneul de

Pekin). Secrétaire, E. W. Murphy, Brandon
Farm, Birkenhead, Angleterre.

NOTA. — Pour recevoir les points caractéristiques fixés par chacun des clubs men-
tionnés dans ce chapitre, écrire aux secrétaires
de ces sociétés.

CHAPITRE X

QUELQUES CHIENS DE CHASSE
du XVI siècle

Le chien à prendre le sanglier. — Le grand lévrier pour chasser le cerf. — Le chien moucheté à courte queue, pour prendre les cailles. — Les épagneuls, les braques.

Tout récemment au cours de mes recherches sur les races de chiens de luxe existant à l'époque de la Renaissance, j'eus le plaisir de rencontrer incidemment une magnifique gravure due au délicat artiste que fut Hans Saenredam. L'œuvre est superbe au point de vue du dessin et de l'exécution.

Mais elle avait un autre mérite à mes yeux, c'est que son examen permettait de résoudre plusieurs questions ethniques du plus grand intérêt.

Nombreux sont les ouvrages qui peuvent nous renseigner sur les races de chiens courants et sur les races de chiens d'oysel, en usage au XVI siècle, mais rares sont les reproductions graphiques exactes de ces différents chiens.

Les figures qui ornent certains livres, la Vénerie de du Fouilloux par exemple, ne sont guère capables de nous donner une idée bien précise de la conformation qu'avaient à cette époque les chiens courants, les lévriers et les chiens d'oysel, pour ne parler que de ceux-là.

Ces dessins sont dûs à des crayons inhabiles et il est heureux que le texte soit là pour nous renseigner plus exactement.

Tandis que la gravure à laquelle je fais allusion, exécutée par l'artiste scrupuleux qu'était Saenredam, constitue un document d'une valeur inléniable.

La reproduction en similigravure que nous en donnons est d'une absolue fidélité, et nos lecteurs, en jetant les yeux sur elle, seront surpris comme nous l'avons été nous-même, de trouver dans une œuvre datant de près de trois siècles, une telle richesse de composition, une telle rigueur de dessin, et un tel fini dans l'exécution.

Le sujet représente (fig. 39), sous forme allégorique, les divers travaux et les différentes occupations auxquelles se livraient le peuple et la noblesse belges à la fin du XVIe siècle.

La chasse étant le passe-temps favori des grands seigneurs il n'est pas étonnant que ce sport soit analysé en détail par Saenredam dans cette remarquable composition.

Au centre et tout à fait dans le lointain sont figurées les différentes chasses celle du sanglier, celle du cerf et celle du lièvre (fig. 40). Il résulte de l'examen de ces scènes cynégétiques qu'on employait les lévriers pour prendre les lièvres et les cerfs.

Des cavaliers accompagnés de quelques-uns de ces chiens élégants, lançaient le cerf vers un accident de terrain sur lequel se tenaient des hommes armés d'épieux et ces derniers chasseurs étaient, eux aussi, entourés de lévriers qui s'élançaient à la rencontre de la bête.

Quant au sanglier il était poursuivi et attaqué par des chiens, de très forte taille, répandus dans les Ardennes, les Flandres et le Hainaut.

D'ailleurs au premier plan et à gauche Saenredam a représenté (fig. 31) un homme retenant, par le collier, un de ces chiens. L'animal est fort bien dessiné, de sorte qu'il est facile d'en donner la description.

Ce chien devrait mesurer près de 80 centimètres à l'épaule. Sa tête était forte, massive, *plus courte que celle du Bloodhound actuel. Elle n'était pas plissée* ou en tout cas il n'y paraît guère. Le crâne avait la forme caractéristique en pain de sucre qu'on retrouve chez tous les chiens courants. Le ressaut fronto-nasal était à peine accusé, mais *les arcades sourcillières étaient fort proéminentes. L'œil était gros*, les babines fortement pendantes, les oreilles attachées bas, longues, mais moins amples que celles des Bloodhounds de nos jours. Cou court, fort et musclé. Epaules obliques et très puissantes. La poitrine paraît assez profonde et le ventre est un peu relevé. Quant aux membres ils sont bâtis. La queue, ridiculement grêle (faute de dessin sans doute), est contournée et portée au-dessus des reins.

Le pelage était d'une teinte foncée (noir ou gris
brun). Les extrémités des membres et la
queue étaient de couleur claire, probablement
feu. En tout cas une liste blanche s'étendait
depuis le nez jusqu'au milieu du front. Ce chien
était à poil ras sur la presque totalité du corps,
toutefois le cou, les épaules et le poitrail étaient
recouverts de poils plus longs.

En somme le chien à prendre le sanglier qu'à
dessiné Saenredam est bien différent du Bloodhound moderne, que les auteurs s'accordent à
regarder comme le descendant le plus direct et le
plus pur de l'ancien chien de Saint-Hubert.

Le chien de Saenredam, de même d'ailleurs
que celui qui figure dans l'ouvrage de Gesner,
(fig. 32) sous le nom de chien sanguinaire, chien
anglais à prendre les sangliers, se rapprocherait
beaucoup plus du type vieux normand que du
type Bloodhound moderne.

Je ne veux pas insister sur les idées qu'éveille
ce fait. Mais il m'est permis de faire remarquer
qu'il est au moins surprenant que le chien
employé en Belgique au XVIe siècle dans les
chasses au sanglier se rapproche davantage, au
point de vue de la conformation générale,
du chien normand que du chien de Saint-
Hubert dont le centre d'élevage était précisément
en Belgique, dans les Ardennes.

Le lévrier de cerf était à peu près de la même
taille que le chien de sanglier. Il était d'une
conformation générale très voisine de celle de
nos lévriers modernes.

Cliché L. Richard.

Fig. 3. — Ensemble de la gravure de Hans Saenredam.

de la gravure de Hans Saenredam.

Fig. 31. Chien courant belge, à prendre le sanglier. (XVIe siècle). D'après la gravure de Saenredam.

Fig. 32. Limier (Bloodhound) du XVI⁰ siècle. (Fac-similé d'un bois de Gesner).

Fg. 33. Épagneul du XVIᵉ siècle, d'après Franz Floris

Fig. 34. Chien moucheté courte queue, à prendre les cailles. Fac-similé d'un bois d'Aldrovandi.

Fig. 35. Fauconnier, avec chiens d'oysel courte queue et lévriers. D'après la gravure de Saenredam.

Cliché L. Richard

Fig. 36. La chasse du lièvre, du cerf, du sanglier au XVIe siècle. D'après la gravure de Saenredam.

Notons que la face était complètement rase, de même que l'extrémité des membres et la presque totalité de la queue. Le poil n'était véritablement long qu'autour du cou, sur les épaules et au poitrail.

Cette particularité se retrouve d'ailleurs sur les deux chiens d'oysel (1) que tient en laisse le fauconnier figuré à droite, sur la composition de Saenredam. Ces deux chiens (fig. 35) ne sont donc à proprement parler ni des braques ni des épagneuls, étant donné le sens qui s'attache aujourd'hui à ces deux dénominations.

Quoi qu'il en soit, ils ressemblent trait pour trait au chien qu'Aldrovandi a décrit et figuré sous le nom de chien moucheté à prendre les cailles (fig. 34).

Voici les caractères que me paraît présenter ce chien d'oysel. Il était de taille moyenne, sa hauteur ne dépassait pas 50 centimètres. Il était léger, son pelage à fond blanc, était constellé de mouchetures, avec d'assez grandes taches sur la tête et parfois sur la partie supérieure du corps. La tête, ornée d'une liste, était large entre les oreilles, elle était sillonnée au milieu du front ; le museau était maigre et moins large vers le nez que celui de nos chiens d'arrêt actuels. La

____

(1) On donnait le nom de chien d'oysel au Moyen-Âge et sous la Renaissance à un chien dont le rôle consistait : soit à faire lever le gibier sur lequel on lançait ensuite le faucon, soit à s'arrêter devant ce gibier (généralement caille, perdrix). Dans ce dernier cas le chasseur prenait dans son filet et le chien et l'oiseau.

cassure du nez était bien visible, les babines formaient un pli aux commissures, mais étaient à peine tombantes. En somme ce chien était élégant de formes et d'ossature légère. Sa queue était réduite à l'état de moignon. S'agit-il là d'un caractère ethnique ou bien était-il d'usage d'écourter cet appendice dans cette race de chiens d'oysel? Je ne puis résoudre cette question, mais la gravure de Saenredam et celle d'Aldrovandi, ne laissent pas de doute sur l'anormale et constante brièveté de la queue chez ces chiens d'oysel.

J'ai dit plus haut quelle inégalité de longueur de poil se remarquait sur ces chiens. Presque ras sur la tête, sur les membres et sur la presque totalité du tronc, ce poil était long autour du cou, au poitrail, sur les épaules, aux flancs et à la queue.

Malgré cela je n'hésite pas à classer ces chiens parmi les braques et je les regarde même comme les ancêtres des braques français du centre et particulièrement des braques d'Auvergne.

Ce chien moucheté à queue courte était employé concurremment avec d'autres chiens de race toute différente. Les épagneuls, par exemple, étaient considérés, eux aussi, comme d'excellents chiens d'oysel. Des braques du type de l'ancien braque espagnol et caractérisés par une forte cassure du nez, par des oreilles longues et des babines tombantes, devaient rendre également de grands services comme auxiliaires dans la fauconnerie. Il y avait de très bons chiens d'oysel originaires de Pologne, d'Italie, d'Angleterre, etc. Les chiens d'oysel anglais avaient le fond de la robe de couleur blanche, s'il existait des taches elles étaient roussâtres, grandes et peu nombreuses.

Les Epagneuls étaient-ils originaires d'Espagne comme leur nom semblerait l'indiquer ? C'est l'opinion dominante ; mais je ne serais pas autrement surpris que l'on arrivât à prouver tôt ou tard que cette race provînt d'une contrée plus septentrionale.

L'épagneul de la Renaissance était-il de tout point comparable à l'épagneul de nos jours ? A cette dernière question il est plus facile de répondre.

A mon avis, la conformation de la tête est fort différente. Que l'on examine en effet les estampes de l'époque de la Renaissance sur lesquelles l'épagneul est souvent figuré. Celle de Goltzius représentant le fils de Théodoric Frisius, tenant un faucon et prêt à chevaucher un chien d'oysel de cette race — est trop connue pour que j'aie cru utile de la faire figurer dans cet ouvrage. Mais il existe une gravure qui est d'une trentaine d'années au moins plus ancienne et sur laquelle se trouve au premier plan un épagneul tout blanc, la couleur préférée alors (fig. 33). Ce chien, de taille au-dessous de la moyenne, est assez bien dessiné ma foi. L'œuvre d'ailleurs est due à l'un des plus célèbres artistes d'alors : Franz Floris, le Raphaël flamand.

Cet épagneul et celui de Goltzius semblent avoir la cassure du nez beaucoup moins accusée

que ne l'ont les épagneuls modernes. La partie
antérieure du museau est moins large et les babines sont moins amples.

Quoi qu'il en soit on reconnaitra que l'épagneul
blanc gravé par Ant. Wierenx, d'après Franz
Floris, se rapproche beaucoup des Cockers et des
Pont-Audemer modernes.

Mais il est temps de résumer cette étude ;
voici donc les principales conclusions que je suis
amené à formuler.

1° Il existait en Belgique à la fin du XVI° siècle
un chien à prendre le sanglier, très comparable,
au point de vue de la conformation générale, au
vieux chien normand ; il était de très grande
taille.

2° Le chien d'oysel le plus prisé, sous la
Renaissance, n'était à proprement parler, ni un
braque, ni un épagneul. Il est figuré dans l'ouvrage d'Aldrovandi sous le nom de chien
tacheté, propre à la chasse à la caille. Sa queue
était réduite à l'état de moignon et il est possible
que cette particularité ait constitué un caractère ethnique.

Ce chien d'oysel semble avoir servi à consti-
tuer quelques-unes des races de braques français.
Il est admissible aussi qu'il soit l'un des ancêtres
de l'english setter.

3° La tête de l'épagneul de la Renaissance,
avait une conformation un peu différente de celle
de l'épagneul actuel ; la cassure du nez était pour
ainsi dire nulle et le museau était moins large

dans sa partie terminale ; les lèvres étaient serrées et les babines manquaient tout à fait d'ampleur.

Lucien RICHARD.

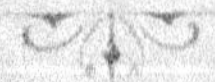

CHAPITRE XI

JUSTE-LIPSE

et ses trois chiens favoris

MOPSE, PETIT MOPSE ET SAPHYR

Juste-Lipse, le célèbre érudit du XVI siècle, ce savant flamand qui professa avec tant d'éclat à Iéna, à Leyde et à Louvain, est pour le grand public moins connu par les œuvres qu'il a laissées que par son remarquable amour pour les trois chiens qu'il possédait.

Une de ses lettres, celle qu'il a adressée à ses disciples à la fin de l'année 1599, n'est qu'un long mais intéressant panégyrique en faveur des animaux de l'espèce canine. Cette épître, dont le texte est en latin, a été traduite en français par l'un de ses contemporains, le lettré franc-comtois Ant. Brun. Dans ce français de l'époque, les récits de Lipse ne perdent nullement de leur saveur, comme on va s'en rendre compte.

L'amour que Lipse avait pour les chiens était traditionnel dans sa famille :

« J'ai toujours, dit-il, été nourri entre quatre et cinq chiens : est-il de merveille si j'ai sucé dès la mamelle, si j'ai rapporté dès la coutume cette affection ? Je nie qu'il y ait un animal plus aimable par aucun sien mérite, plus louable,

ni plus admirable ; et il a des perfections du corps
et de l'esprit que j'appelle quasi divines. J'en
tirerai quatre entre autres : la Force, l'Esprit, la
Vigilance, la Fidélité. »

« Ils ont la Force en cette masse du corps pour
laquelle ils peuvent entrer en parangon
voire en prééminence, avec les autres animaux ;
leur agilité est merveilleuse, ainsi que
leur effort, leur artifice, leur opiniâtreté ;
ils lassent et abattent les animaux les plus
farouches au combat : les sangliers, les ours, les
taureaux, les lions, les éléphants. Claudien,
parlant des Dogues de l'île de Bretagne, dit :

« Et les Dogues bretons qui les cols des taureaux
Peuvent facilement déchirer en lambeaux ».

Lipse parle ensuite des invincibles molosses
qui furent donnés à Alexandre le Grand par
deux rois asiatiques : le roi de la Sopitide, contrée avoisinant le Thibet, et le roi de l'Albanie
asiatique, pays situé au sud du Caucase. Il fait
également allusion aux puissants chiens des
gaulois d'Arvernie et des Cimbres de la Baltique,
aux dogues d'Écosse qui combattaient à Rome
dans les arènes et enfin aux molosses employés
par les Allemands comme gardes du corps.

De son temps, à Bruxelles, certains chiens,
dits de race bretonne, servaient d'animaux de
trait. Ces chiens, appartenant à des tanneurs,
tiraient des chariots chargés de cuirs.

Puis Lipse démontre par des exemples typiques

que les chiens font souvent preuve d'une véritable intelligence. Et à l'appui de sa thèse il rapporte le trait suivant.

« Mon père eut une chienne nommée Genette (ponette); elle tirait ce nom de ce cheval d'Espagne avec lequel elle avait une belle ressemblance qui la relevait grandement parmi les chiens de chasse. Emmanuel, duc de Savoie, lui en avait fait présent... Mon père était au festin. Là, des querelles s'élèvent entre ceux qui y étaient, le combat aussi. Et ils se frappent avec des poignards, alors mon père se porte pour médiateur et les sépare. La chienne croyant qu'on le frappe, attaque séparément l'un et l'autre de ces combattants, les blesse fort et ferme, et est blessée aussi ; car ayant reçu trois ou quatre coups de poignards dans le corps, qu'elle avait fort grêle, elle tomba transpercée. Mon père sortit avec tristesse et indignation, l'ayant laissée pour morte. Que fait-elle ? Elle se lève et le suit toute défaillante, elle vient fort tard à la maison, elle heurte à la porte (elle avait ainsi coutume de lever, avec le nez, le marteau). Ma mère l'entend et le fait savoir. Mon père le nie et l'assure morte. On heurte encore un coup ; ils regardent, ils la font entrer, ou plutôt ils la portent, la mettent dans une étable, font venir le chirurgien et la pansent. Et après, elle se porta bien et rendit depuis de bons services à mon père. Ajouterai-je encore quelque chose de moi-même qui étais tout petit en ce temps-là. Je l'allais voir tous les jours pendant qu'elle resta malade, je lui présentais à manger, je m'asseyais auprès

d'elle, ou me tenais tout droit. Et que dissimu-
lerai-je? Je pleurais aussi parfois, comme j'étais
tendre d'âge et de cœur et que (je l'ai déjà dit au
commencement) je suis étrangement affectionné
à cette sorte d'animaux. »

Comme exemple de vigilance, Lipse raconte
qu'un chien, de la race à laquelle appartenait
Petit Mopse, l'un de ses trois favoris, sauva la vie
à un prince qui faisait alors campagne contre les
Espagnols. Ce prince (1) dormait sous sa tente lorsque des ennemis, en grand nombre, se dirigèrent
vers elle, après avoir suborné les gardes ou s'en
être rendus maîtres. Ils étaient déjà tout près de
cette tente, quand le petit chien, qui ne quittait
jamais son maître, se jeta sur lui, posa ses
pattes sur son visage, et le réveilla en sursaut.
Ce prince n'oublia jamais que ce fut à ce fidèle
compagnon qu'il dut d'échapper au danger.

Cette anecdote semble authentique, mais une
autre que Lipse rapporte comme remarquable
trait de fidélité chez le chien, me semble tout à

(1) Il s'agit certainement d'un prince de la maison d'Orange,
de Guillaume le Taciturne très vraisemblablement. C'est sans
doute en souvenir de ce trait de vigilance que les princes
d'Orange, pendant le XVIIe siècle, ont tenu en si haute estime
et ont affectionné tout particulièrement les petits chiens
Mopses. Il y a similitude complète d'ailleurs entre l'anecdote
racontée par Lipse et celle qui a généralement cours, sauf
toutefois en ce qui concerne le nom du prince qui dut la vie à
la vigilance de son chien. Mais le possesseur de ce petit
mopse ne pouvait être Guillaume II de Nassau, comme on
s'accorde à le dire, et la raison en est simple : Lipse mourut
vingt ans avant que Guillaume II fut né !

fait invraisemblable. Il affirme que toute sa
famille a été témoin du fait, mais je reste scepti-
que. Il s'agit d'un petit terrier roussâtre qui
appartenait à sa grand'mère. Quand cette vieille
dame s'alita, atteinte d'une maladie à laquelle
elle devait bientôt succomber, « tant s'en fât
qu'il abandonnât le lit, on ne l'en pouvait seulement chasser. Et lorsqu'elle était déjà expirée,
lui se plaignant, la queue retorse (il me semble
encore voir ce que j'ai vu, étant petit), se dérobe
dans le jardin, et là, sous un coudrier, avec ses
pattes, il se creusette doucement une fosse, se
met dedans, et remet sa vie. Cela est arrivé,
toute notre famille en étant témoin. »

Mais arrivons aux trois chiens de Lipse. Il
leur avait donné les noms de Mopse, de Petit
Mopse (Mopsulus), et de Saphyr. Il les aimait
au point qu'il fit faire le portrait de chacun d'eux.

Mopse était un chien de forte stature, de race
écossaise ; sa robe était marron (bai brun) ; mais
le bord de ses oreilles et le pourtour de la gueule
étaient d'un jaune clair. Une tache ronde de
même teinte se trouvait au-dessus de chaque
œil. La partie située entre chacun des doigts, le
dessous des cuisses, la face inférieure de la
queue étaient aussi d'un jaune clair. Le poitrail,
fort large d'ailleurs, et le bas des pattes présentaient des taches blanches moucletées marron.

Petit Mopse, lui, venait d'Anvers et avait été
donné à Lipse par son vieil ami le jurisconsulte

A. Borcontius. C'était un chien de taille au-dessous de la moyenne, pas un nain cependant. Son corps était blanchâtre, sa tête et ses oreilles étaient fauves. Le poil au niveau du museau — ce dernier était court, obtus et carré — était d'un rouge rubican. Quant au nez il était tout à fait retroussé. Petit Mopse avait le corps ramassé ; il était grassouillet. Très rusé, pas commode, il savait faire usage de ses crocs.

Saphyr, d'origine hollandaise, était tout à fait petit. Son corps était blanc, sa tête et ses oreilles rousses, mais une liste en forme de triangle marquait le dessus de la tête. Cette tache s'étendait depuis le haut du front jusqu'au museau où elle finissait en pointe.

Juste-Lipse dédia des poèmes à chacun de ses chiens. Voici la traduction, dans le français de l'époque, de ces trois pièces de vers :

A MOPSE

Moi Mopse — qui par ma beauté
Surpasse les chiens de tout âge —
Ce que j'ai toujours détesté ;
Je n'ai rien en mon grand corsage,

Et — ce que j'ai bien souhaité —
De maître, maîtresse et chambrière
Ma douceur, ma simplicité
M'ont acquis la faveur entière.

Si « Le Chien », tellement adroit
Que le ciel maintenant l'enserre,
Avec moi débattait son droit,
J'aurais le ciel et lui la terre !

A MOPSE LE PETIT

Moi je suis Mopse le Petit
Que mon maître met à sa table.
Quoi encore ? Dedans son lit,
Je prends le repos délectable !

Quoi plus ? S'il se peut bonnement
Je suis le maître de mon maître.
Dedans, ma beauté tellement
Ma mauvaiseté fait paraître !

Mais beauté qui rare vaincra,
Si droitement l'on me partage,
Je sais fort bien qu'on m'haïra
Mais qu'on m'aimera davantage !

A SAPHYR

Un saphyr son nom m'a prêté,
Et pour saphyr on me doit prendre
Parmi les chiens qui ont été,
Qui sont et qui seront en Flandre.

Si gentille est de mon museau
La beauté, si grande est ma grâce !
Ajoute les traits, de nouveau,
D'un esprit que l'humain ne passe.

> Je tiens de l'homme assurément,
> Et t'en veux-je tirer de doute :
> Je bois du vin communément
> Et le vin m'a donné la goutte !

Pauvre Saphyr ! Un an plus tard il mourait et sa fin fut des plus tragiques. Il tomba dans un vase plein d'eau bouillante.

Aussitôt après l'accident, Lipse écrivit à son ami Philippe Rubens, et, dès le début de sa lettre, il laisse éclater la douleur qu'il ressent : « C'est plein de tristesse, et même les yeux mouillés de larmes, que je t'écris ces lignes... »

Saphyr fut enterré à Louvain dans le jardin de Lipse. Celui-ci composa une longue et touchante épitaphe dont voici la traduction libre et quelque peu abrégée :

Saphyr fit les délices de Lipse. C'était un petit chien remarquable entre tous par son intelligence, sa grâce et sa beauté. Il avait plus de quinze ans quand il fut enlevé par un malheureux accident : il tomba dans l'eau bouillante ! Toi qui lis cette épitaphe, que tu sois un ami de Lipse ou que tu sois seulement un admirateur de ce qui est élégant et gracieux — et ce petit chien était un trésor de grâce et d'élégance ! — eh bien, si ne verses pas de larmes, répands du moins sur ce sol une poignée de fleurs !

Lucien RICHARD.

CHAPITRE XII

LA RAGE

La rage est sans aucun doute, parmi les maladies transmissibles du chien à l'homme, celle dont le nom est le plus connu.

Elle a toujours éveillé la plus grande terreur ; et maintenant encore qu'il existe, grâce à Pasteur, un traitement capable d'enrayer presque à coup sûr son évolution, la rage continue à provoquer une crainte et un effroi insurmontables.

Chez l'homme, comme chez le chien du reste, l'apparition de cette maladie peut n'avoir lieu que plusieurs mois après la pénétration du virus; on se rend donc compte combien, avant la vaccination pasteurienne, devait être terrible cette longue appréhension pour ceux qui avaient été mordus par un chien enragé.

La mortalité des personnes qui se soumettent au traitement de l'Institut Pasteur atteint à peine maintenant 5 pour 1.000. C'est presque la certitude complète d'être épargné.

Si l'on songe qu'on néglige le plus souvent d'appliquer aux morsures les soins immédiats qui peuvent empêcher l'absorption de la salive et même détruire sa virulence, et qu'on se contente généralement de lotionner la plaie avec une solution d'acide phénique — agent d'une inefficacité absolue en pareil cas — on comprendra sans peine que, suivies du traitement pasteurien, de sages mesures préventives doivent rendre tout à fait infimes les chances de contagion consécutive à la morsure d'un chien enragé.

Mais la pénétration des crocs dans la chair ne constitue pas le seul mode de transmission de la rage. Le simple contact de la bave avec des plaies non complétement cicatrisées (écorchures, crevasses, etc.) peut déterminer l'inoculation. Le danger est encore accru par ce fait que la salive du chien est déjà virulente 24 heures et même parfois trois jours avant l'apparition de symptômes alarmants. C'est précisément à cette période initiale que se montrent chez le chien certains troubles qui, loin de mettre en garde le propriétaire de l'animal, contribuent à rendre plus fréquent un contact funeste. C'est ainsi que, tout au début de la rage, les chiens d'une nature douce sont portés à des démonstrations affectueuses plus vives. Ils recherchent davantage les caresses ; ils lèchent volontiers les mains ou le visage de leur maître.

Un peu plus tard, mais toujours avant l'apparition des accès de fureur, la déglutition devient difficile et cette gêne simule un peu celle qui résulterait de la présence d'un corps étranger dans l'arrière-bouche.

Combien de personnes se sont ainsi inoculé la rage en voulant retirer un os qu'elles pensaient trouver au fond de la gorge de leur chien !

C'est la même pensée qu'on a généralement lorsqu'on voit un animal dont la gueule est béante et qui ne peut rapprocher ses mâchoires. Méfiez-vous toujours d'un chien qui présente ce symptôme ! Là encore ce n'est pas un os qu'il faut incriminer. L'écartement des mâchoires est dû à une paralysie et celle-ci dénote la rage mais sous une forme spéciale : c'est *la rage mue*. Dans ce cas le chien est incapable de mordre : sa salive n'en est pas moins virulente.

La rage ne peut se développer chez un chien sans que celui-ci ait été mordu par un chien contaminé. Toutes les causes que l'on a invoquées pour expliquer l'apparition de la maladie sans contamination antérieure sont absolument erronées. Ni la température excessive (chaleur caniculaire), ni la soif non apaisée, ni l'ennui, ni le musellement, ni l'inassouvissement des ardeurs génésiques, ne sont capables de déterminer la rage. Si des cas de spontanéité de rage ont pu être produits avec quelque apparence de raison, c'est que le contact d'un chien avec un congénère suspect reste le plus souvent ignoré (1). Un évé-

---

(1) Mon collègue M. Weber a cité à ce sujet l'exemple d'un petit chien d'appartement qui était devenu enragé et qui, lui affirmait-on, ne sortait jamais et n'avait jamais eu de contact avec aucun autre chien.

Un partisan de la spontanéité de la rage eût triomphé !

M. Weber parvint à faire avouer à la femme de chambre, un an après la mort de l'animal, qu'elle avait sorti celui-ci malgré la défense de ses maîtres et qu'il avait été mordu par un chien de mauvais aspect. Elle n'avait rien dit jusque là, de peur d'être réprimandée.

nement banal est alors interprété comme cause, tandis qu'il ne s'agit que d'une simple coïncidence.

Chez un chien soumis à l'observation *jamais* une gêne, ni une souffrance, ni une privation, de quelque nature qu'elles soient, n'ont pu déterminer la rage ; par contre l'inoculation expérimentale de la substance nerveuse virulente a *toujours* amené l'évolution de la maladie. Si nous ajoutons que cette inoculation reste sans effet dans le cas où le liquide injecté a été préalablement filtré, il est impossible de ne pas être convaincu que la rage est une maladie contagieuse due à la pénétration, dans l'organisme, d'un microbe. Celui-ci trouve dans la substance des centres nerveux un terrain propre à sa multiplication, et c'est cet envahissement qui détermine les divers troubles que présente un chien enragé. Suivant que les lésions débutent dans le cerveau, siège de l'intelligence, ou dans la partie des centres nerveux qui lui fait suite et d'où partent les nerfs qui commandent les mouvements, l'animal sera atteint ou d'une sorte de folie (rage furieuse) ou de paralysies locales (rage mue).

Symptômes de la rage du Chien

J'ai précédemment indiqué le symptôme dominant de la rage mue (1). Il n'est donc inutile

____

(1) La rage existe à Constantinople ; mais, chose bizarre, les chiens ne sont jamais atteints de rage furieuse. La rage mue seule y est connue.

de revenir sur l'aspect tout particulier que donne au chien l'immobilité de la mâchoire inférieure.

Les signes de la rage furieuse sont moins caractéristiques.

Contrairement à ce que l'on entend communément dire, le chien enragé n'est jamais hydrophobe. Il éprouve une soif intense, mais à un certain moment, il lui est impossible de l'assouvir par suite de la sensibilité extrême de la muqueuse de son arrière-bouche.

La plupart des symptômes de la période initiale peuvent passer inaperçus. L'appétit est conservé, il s'exagère même parfois : l'animal dévore ses aliments. Comme nous l'avons vu, il devient le plus souvent plus caressant. La tristesse dans laquelle le chien est tout d'abord plongé, fait place à une vive agitation. Il va et vient, se couchant et se relevant sans cesse.

Ce n'est que l'apparition des symptômes de la période suivante, caractérisés par des troubles intellectuels, qui peut donner quelque inquiétude au maître du chien.

A ce moment se manifestent des hallucinations. Le chien s'arrête tout d'un coup, le regard fixe, ou se précipite en avant, les yeux féroces.

De plus, on remarque souvent alors un symptôme qui, je crois, n'a jamais été signalé ; c'est que l'animal, pour uriner, prend une position tout à fait anormale s'il s'agit d'un mâle adulte : il s'accroupit au lieu de lever la patte.

Généralement, à cette période, le timbre de la voix se modifie. Au lieu de l'aboiement normal *bref, répété* et *toujours motivé*, le chien enragé fait entendre, *de temps en temps*, même *sans provocation* un hurlement *grave, prolongé*, un peu enroué et terminé par une note courte et aiguë.

La déglutition devient difficile, puis les accès de fureur apparaissent. Le chien déchire ou brise tout ce qu'il y a autour de lui. Il avale les corps les plus divers.

Sa tendance à mordre se montre d'abord à l'égard des chiens qu'il n'a pas coutume de voir ; puis il s'attaque aux personnes étrangères à la maison, ou à celles qui se plaisaient à le taquiner.

Poussé à mordre par une puissance irrésistible, il finit par être agressif envers son maître lui-même. Les crises de fureur se multiplient et l'épuisent, il finit par tomber à terre et succombe dans une prostration complète, s'il n'est pas sacrifié avant que l'évolution de la maladie n'ait déterminé la mort.

Les accès de la rage furieuse, caractéristiques pour le praticien, peuvent pour une personne non prévenue, être confondus avec les accidents nerveux déterminés par les coliques, par la méningite consécutive à la *maladie*, par la présence d'un corps étranger dans le tube digestif et surtout par les vers intestinaux.

Pour ma part, je ne compte plus le nombre des cas où, appelé à abattre un chien qu'on croyait enragé, je me suis trouvé en présence d'un animal simplement atteint de crises provoquées par des ténias ou par des ascarides. Un calmant administré sur l'heure et un vermifuge donné le lendemain, suffisaient à amener la disparition de ces symptômes alarmants.

Précautions à prendre

Quand un chien manifeste quelques symptômes suspects, la première chose à faire, bien entendu, est de consulter un vétérinaire. Jusqu'à son arrivée l'animal sera maintenu à l'attache ou mis à part dans le chenil.

S'il y a d'autres chiens, ceux-ci seront préservés de tout contact.

Ce n'est que dans le cas où les accès de fureur rendraient la séquestration impossible et devant l'imminence d'un danger qu'il y aurait lieu d'abattre le chien suspect, avant la venue du vétérinaire. Sans doute l'autopsie que fera le praticien pourra donner des renseignements précis, mais le diagnostic sur l'animal vivant est toujours préférable.

En tout cas un chien suspect de rage ne devra jamais être sacrifié par empoisonnement, ce mode d'abatage rendant impossible la confirmation expérimentale du diagnostic.

Traitement local des Morsures

Il me reste à indiquer les soins immédiats que réclame la plaie produite par la morsure d'un chien enragé. En pareil cas il n'y a aucun moment à perdre : l'absorption du virus est en effet très rapide ; elle peut s'effectuer en cinq minutes.

La première chose à faire est d'arrêter, si c'est possible, la circulation du sang dans la région où se trouve la blessure. Si la morsure a été faite à la main, par exemple, rien ne sera plus facile. Il suffira d'appliquer, pendant quelques instants, un lien au-dessus de la plaie, c'est-à-dire au poignet. Ce lien aura pour but de favoriser l'hémorragie et par suite, l'élimination du virus.

En tout cas, on se hâtera de laver la morsure à grande eau. Cela fait, il ne reste plus qu'à détruire les dernières traces de la salive virulente qui pourraient être restées dans les anfractuosités de la plaie.

La cautérisation au fer rouge est tout à fait recommandable, mais peu de personnes ont la force de caractère nécessaire pour se résoudre à y recourir. D'ailleurs, il y a des agents antiseptiques dont l'application ne provoque aucune douleur et qui sont pour ainsi dire aussi efficaces.

L'acide phénique, le nitrate d'argent (pierre infernale), l'ammoniaque (alcali volatil), ne sont pas actifs.

Le Crésyl et la liqueur de Van Swieten stérilisent presque immédiatement la salive virulente ; mais on peut ne pas avoir ces médicaments sous la main. On a, sans aucun doute, plus généralement chez soi un fruit commun, dont le suc constitue un excellent neutralisant à l'égard du virus rabique ; je veux parler du citron (1) dont il suffit d'exprimer le jus pour avoir tout préparé un antivirulent de premier ordre.

La teinture d'iode et l'essence de térébenthine, sont aussi à recommander. Elles possèdent une puissante action neutralisante, même en dilution. Ainsi pour de larges morsures, on pourra avec avantage employer les lotions d'eau saturée d'iode (2).

Ces mesures prises on devra se rendre le plus tôt possible à l'Institut Pasteur pour y subir les vaccinations préventives.

L. RICHARD.

----

(1) Expériences de De Blasi et Travali.

(2) L'eau *salée* dissout une plus grande quantité d'iode que l'eau pure.

CHAPITRE XIII

BIBLIOGRAPHIE

La littérature cynotechnique s'enrichit chaque année de nouveaux ouvrages édités avec un luxe vraiment incroyable.

En 1896 c'était Gordon Stables qui publiait la septième édition de « Our Friend the Dog », (Notre Ami le Chien) titre significatif s'il en fut. En 350 pages l'auteur a pu étudier tout ce qui a trait au chien : hygiène, nourriture, aménagement des chenils, transport en chemin de fer, achat, élevage, maladies, races. Cette dernière partie est, comme on le devine, la plus étendue. Les descriptions données de chaque race sont des plus complètes, et sont suivies des points fixés par les clubs anglais. Les figures sont excellentes. Quelques-unes, extraites de cet ouvrage, illustrent notre Annuaire. Ces spécimens permettront au lecteur de se rendre compte du soin avec lequel a été édité « Our Friend the Dog ».

OUR FRIEND THE DOG

PRIX : 10 sch. 6 d.

Chez Dean & Son, 160a, Fleet Str., Londres.

En 1896 également a paru l'original travail de notre rédacteur en chef, M. Lucien Richard, vétérinaire. Nous reproduisons une partie de l'introduction de cet ouvrage intitulé « Les Chiens ». Cet extrait fera comprendre le but que l'auteur s'est proposé d'atteindre :

« Je ne veux diminuer en quoi que ce soit le mérite des écrivains que je viens de citer ; mais.... leurs ouvrages ne me paraissent pas de nature à pouvoir être lus par la masse du public. Les descriptions qu'ils donnent des races sont tellement complétés que celui qui n'a fait aucune étude préalable du sujet, se trouve bientôt perdu. Très captivants pour un amateur un peu au courant de la question, ces traités sont d'une lecture fatigante pour le premier venu. On finit par se rebuter malgré le désir que l'on a de s'assimiler les caractères typiques de chaque race. Aussi ai-je pensé qu'il ne serait pas sans intérêt d'écrire une sorte de guide qui permit de trouver rapidement et sans aucune étude antérieure, la race à laquelle un chien peut appartenir.

C'est en recourant à une combinaison analogue aux *flores* que je suis arrivé à ce résultat. De sélection en sélection et d'élimination en élimination, on est amené fatalement à une détermination exacte, à la condition, bien entendu, que le sujet ne soit pas un vulgaire mâtin ou un misérable roquet ».

L'ouvrage de M. Richard est complété par de claires et exactes monographies de chaque race

Fig. 37. Hairy King, chien nu du Mexique. Figure extraite de « the Dog Owners' Annual ».

Fig. 38. Saint-Bernard et Petits Epagneuls anglais. Figure
extraite de « Modern-Dogs ». Horace Cox, éditeur.

Fig. 54. — Chow VIII Chou-Chou. Figure extraite
de « Our friend the Dog ». Dean & Son, éditeurs.

Fig. 40. Woodcote la Flèche, bull-terrier. Figure extraite de
« Our friend the Dog, Dean & Son, éditeurs.

Fig. 41. Lomond Countess, scotch terrier. Figure extraite de
« Our Friend the Dog ». Dean & Son, éditeurs.

Fig. 42. Arctic King, chien des Esquimaux. Figure extraite de « the Dog Owners' Annual ». Dean & Son, éditeurs.

canine et par de pratiques conseils sur l'alimentation des jeunes chiens et des chiens adultes.

L'auteur a réuni en outre en quelques pages toutes
les indications nécessaires pour mettre l'amateur
à même de donner les premiers soins aux chiens
atteints de maladies ou de malaises.

Ce précieux petit volume se trouve *chez
l'auteur M. Lucien Richard, vétérinaire, 129,
rue du Ranelagh, Paris. Le prix de l'ouvrage
illustré est de 2 francs, franco.*

« Les Petits Mammifères de la basse-cour et
de la maison, cobayes, lapins, chats et chiens »
Tel est le titre d'un remarquable ouvrage publié
au commencement de 1897 par M. Cornevin, le
regretté professeur de l'École vétérinaire de
Lyon. Une classification fort naturelle des races
canines constitue, au point de vue auquel nous
nous plaçons la partie la plus intéressante de ce
volume. Les illustrations sont d'une valeur très
inégale ; quelques-unes dues au crayon de l'artiste Mahler sont au-dessus de tout éloge, mais la
plupart des autres laissent bien à désirer.

LES PETITS MAMMIFÈRES

*chez J. B. Baillière et fils, 19, rue Haute-
feuille, Paris.*

*400 pages environ, avec 2 planches coloriées
et 88 figures intercalées dans le texte.*

Prix : 8 francs.

Quel magnifique ouvrage sur les races canines que celui qui est dû à la plume si autorisée de M. Rawdon B. Lee ! Il constitue sans contredit l'étude la plus complète qui ait été publiée sur les races de chiens originaires de la Grande Bretagne. M. Horace Cox vient de faire paraître une nouvelle édition de la partie consacrée aux chiens de chasse (sporting division), 2 volumes du prix total d'une guinée. L'autre partie a été publiée il y a peu de temps et comprend deux tomes, l'un consacré aux terriers, l'autre aux chiens de garde et d'agrément (non sporting dogs).

On ne peut se faire idée du luxe avec lequel ce superbe ouvrage a été édité. Les illustrations sont dues aux célèbres peintres animaliers Moore et Wardle. Ces artistes ont exécuté leurs dessins au lavis et ceux-ci ont été reproduits, en collotypie, avec une scrupuleuse exactitude. Les quelques figures que nous donnons comme spécimens sont des similigravures et, bien qu'excellentes ne sont pas comparables aux planches qui illustrent l'ouvrage.

Modern Dogs par Rawdon Lee. — Horace Cox, éditeur. Windsor House, Bream's buildings, Londres, E. C.

1ᵉʳ *volume. — Terriers, prix : 10 sch. 6 d.*

2ᵉ — *Chiens de garde et d'agrément, (non sporting division), prix : 10 sch. 6 d.*

3ᵉ *volume. — Chiens courants et lévriers, (sporting division tome I), prix : 10 sch. 6 d.*

4ᵉ *volume. — Chiens d'arrêt et bassets (sporting division tome II), prix : 10 sch. 6 d.*

M. le Comte de Bylandt vient de faire paraître à Bruxelles un fort bel ouvrage sur les races canines. Il est bourré littéralement d'illustrations. Celles-ci pour la plupart ne sont pas inédites. Elles ont été empruntées aux divers journaux cynotechniques d'une part et aux ouvrages de Lee et de Mégnin d'autre part. Quoi qu'il en soit ces deux volumes in-folio sont merveilleusement édités par MM. Vanbuggenhoudt frères et rencontreront auprès des amateurs cynophiles l'accueil qu'ils méritent.

Les Races de Chiens, par le Comte Henri de Bylandt, chez MM. Vanbuggenhoudt, 42, rue d'Isabelle, Bruxelles, (Belgique), 2 volumes in-folio : 25 francs.

En terminant, je dois citer la nouvelle édition des Races de Chiens de M. Mégnin. Le premier tome est paru, les autres sont en préparation.

Le chien et ses races, par M. Mégnin, 2e édition, tome 1er, prix : 5 francs, aux bureaux de l'Éleveur, avenue Auber, Vincennes.

NOTE ADDITIONNELLE

au sujet de quelques Chiens de chasse
du XVIᵉ siècle

J'ai laissé à entendre que les énormes et puissants chiens courants du XVIᵉ siècle — tel celui qu'a représenté Hans Saenredam — pourraient bien ne pas être d'origine belge. Et en effet dans ce pays ils étaient désignés sous le nom de chiens écossais ou de chiens anglais. Les chiens courants de race autochtone, les chiens belges proprement dits étaient, semble-t-il, de taille moins élevée. Au surplus voici ce qu'a écrit à ce sujet un estimable auteur du milieu du XVIᵉ siècle.

« Et abondent ces bois et forêts en toute sorte de venaison.... : mais pour obvier à ceci, le pays est fertile en bons chiens prompts à poursuivre ces bêtes... Ils (les Belges) en ont de toute autre sorte pour la chasse, de quelque espèce que ce soit, bien que les meilleurs viennent d'Angleterre. Il est vrai que par deçà, y a une espèce de chiens et braques : la race desquels est si bonne qu'elle mérite qu'on en tienne propos... Il y a deux sortes de ces chiens, à savoir de *moyens* et de *fort petits* ».

Ici j'ouvre une parenthèse. Ce petit chien courant, ce petit braque belge ne serait-il pas l'ancêtre des briquets de races continentales? Et le beagle lui-même ne serait-il pas originaire de la Belgique? Ce ne sont là que de pures hypothèses et je ne veux pas insister sur ces points. Je me contente seulement de poser ces questions. Ceci dit je poursuis la citation concernant les deux variétés de chiens beiges, ceux de moyenne taille et ceux de très petite taille.

« Les uns et les autres sont beaux ayant les oreilles qui pendent presque jusqu'à terre et sont tous deux de ce naturel que dès qu'ils voient ou sentent la proie blessée ou non, ils en poursuivent si courageusement et obstinément la trace, soit par bois, haies, vallons, coteaux et montagnes... que jamais ils ne l'abandonnent jusqu'à ce qu'ils l'atteignent et la découvrent au veneur. C'est pourquoi par deçà les Forestiers et Vanneurs cherchent, à quelque prix que ce soit, de ces chiens pour en envoyer ès pays étrangers. Néanmoins il ne semble pas qu'ils puissent profiter et faire engeance et race ailleurs qu'en cette contrée ».

Le même auteur, plus loin, parle d'une autre race de chiens, originaire celle-là de la Hollande. Ces chiens hollandais, à poil court étaient employés concurremment avec les barbets pour poursuivre le gibier d'eau.

« Voyez encore cette autre race de chiens allant à l'eau ; jadis pour cet effet on s'aidait de chiens barbets appelés **Spiljoenen**, en Belgique Ils servaient très commodément ; mais ores on a trouvé une autre sorte de chiens en Hollande qui font perdre le crédit et le renom aux barbets : car ils sont plus grands et plus renforcés, gaillards au possible, bien fendus de gueule et ayant

le poil court ; si bien que, suivant le canard en
l'eau ou autre gibier, ils y vont si gaiement et
agilement que soudain ils l'emportent, ou, à tout
le moins, avec le temps, ils le lassent de telle
sorte qu'enfin il est contraint de se rendre. On
commence encor à départir de ces chiens par
les autres provinces. »

L. R.

ERRATA ET ADDENDA

Page 32, ligne 7, au lieu de : faithfull, lire : faithful.

Page 44, ligne 8, au lieu de : Voici aussi, lire : Regardez maintenant.

Page 72, ligne 3, au lieu de : Belvedere, lire : Bedivere.

Page 74, ligne 11, au lieu de : 7 centimes, lire : 6 centimes (5 centimes et 2410).

Page 80, ligne 15, supprimer le mot mortelles.

Page 102, ligne 19, lire : auxquels.

Page 103, ligne 16, au lieu de : devrait, lire : devait.

Page 104, ligne 16, au lieu de : chien anglais à prendre les sangliers, lire : de même aussi que le Boobie, ancien chien anglais à prendre les sangliers.

Page 110, ligne 18, au lieu de : quatre et cinq, lire : quatre ou cinq.

Page 110, ligne 19, compléter ainsi la phrase : est-il de merveille si j'ai tiré de race, si j'ai sucé de la mamelle, si j'ai rapporté de la coutume cette affection.

Page 111, ligne 26, au lieu de : Asiatique, lire : d'Asie.

Page 111, ligne 27, lire : bretonne (britannique?).

TABLE DES MATIÈRES

Imp. MALIVERNEY, 18, rue de Paroy.

SERVICE PHOTOGRAPHIQUE